1682

SAMMLUNG
METZLER

REALIEN ZUR LITERATUR
ABT. D:
LITERATURGESCHICHTE

KARL FEHR

Conrad Ferdinand Meyer

———

MCMLXXI

J. B. METZLERSCHE VERLAGSBUCHHANDLUNG

STUTTGART

ISBN 3 476 10102 9

M 102

© J. B. Metzlersche Verlagsbuchhandlung und Carl Ernst Poeschel Verlag GmbH
in Stuttgart 1971. Druck: Gulde-Druck, Tübingen
Printed in Germany

VORWORT

Unter den drei großen Dichtern, die das geistige Bild der Schweiz in der Zeit zwischen Goethes Tod und dem Beginn des zwanzigsten Jahrhunderts bestimmen, steht CONRAD FERDINAND MEYER (1825—1898) zeitlich gesehen an dritter Stelle. Aber er war der erste Schweizer, der nur Dichter, und dies mit seiner ganzen Persönlichkeit, war. Das ist seine Größe, seine Grenze und zugleich seine Tragik. Jenes vielfältige politische, soziale, weltanschauliche Engagement, das die führenden Geister der Schweiz seit Albrecht von Haller und Heinrich Pestalozzi bestimmte und das Jeremias Gotthelf und Gottfried Keller zunächst die Feder in die Hand gedrückt hatte, war in diesem späten Abkömmling zürcherischer Bürgergeschlechter ein kaum spürbarer Anreiz. Die Motivation für das dichterische Tun ist viel tiefer in der psychischen Struktur und im eigenartigen Schicksal verlagert. Nicht daß die damalige Gegenwart keinen Anteil an seinem Werk hätte. Doch erscheinen die zeitgeschichtlichen Ereignisse nur in mehrfachen Brechungen im Oeuvre C. F. Meyers. Es wird auch zu zeigen sein, in welchem Maße die religiös-kirchliche und die allgemeine Gesellschaftsstruktur an seiner geistig-seelischen Entwicklung mitbestimmend geworden ist.

Ein aufrichtiger und herzlicher Dank für großzügige Hilfe ist an dieser Stelle abzutragen an die Steo-Stiftung in Zürich. Ohne ihre von Werner Weber so spontan vermittelte Unterstützung wäre dieses Werk nicht zustande gekommen.

Frauenfeld, im Mai 1971   KARL FEHR

INHALTSVERZEICHNIS

Abkürzungen

Br.	Brief(e)
Briefe I, II	»Briefe CFMs«, hrsg. v. Adolf Frey. 2 Bde. 1908
CFM	Conrad Ferdinand Meyer
›DD‹	›Deutsche Dichtung‹ (Zeitschrift), hrsg. v. K. E. Franzos
dHC	Robert d'Harcourt: CFM. La crise 1852—1856. Paris 1913
dHCFM	Ders.: CFM. Sa vie, son oeuvre. Paris 1913
›DR‹	›Deutsche Rundschau‹, hrsg. v. J. Rodenberg
GRM	Germanisch-Romanische Monatsschrift
HBLS	»Historisch-biographisches Lexikon der Schweiz«
Hs., hs.	Handschrift, handschriftlich
Jb.	Jahrbuch
Ms.	Manuskript
›NZZ‹	›Neue Zürcher Zeitung‹
s. v.	sub voce: s. das Schlagwort des betr. Nachschlagewerkes
W 1—15	CFM: Sämtl. Werke. Histor.-krit. Ausgabe in 15 Bden. 1958 ff., s. S. 8 f.
ZfdB	Zeitschrift für dt. Bildung

I. HANDSCHRIFTEN, VORAB- UND ERSTDRUCK DER WERKE, BRIEFE, BIOGRAPHIEN

In der Aufreihung der Werke folge ich soweit möglich dem historischen Prinzip. Das ist bei den Prosa-Schriften leicht; wir können einfach das Datum der jeweiligen Erstveröffentlichung im Druck als Fixpunkt setzen. Schwieriger gestaltet sich die Einhaltung dieser Ordnung bei den Versdichtungen. Hier stellte ich auf die erste Auflage der »Gedichte« ab, um dann von diesem wichtigen Datum nach rückwärts und vorwärts zu verweisen. Bei »Hutten« und »Engelberg« folgte ich dem für die Prosa angewendeten Grundsatz. Selbstverständlich betrifft diese Aufreihung nur die jeweilige Entstehungsgeschichte und den Einbau in die Entwicklung der dichterischen und allgemein geistigen Persönlichkeit CFMs. Daß für diese Texte allein das Prinzip der Ausgabe letzter Hand zu gelten hat, wie es von Alfred Zäch und Hans Zeller in der ›Historisch-kritischen Ausgabe‹ befolgt wird, versteht sich von selbst.

1. Handschriften

Der *handschriftliche Nachlaß* ist bei Meyer äußerst komplex. Großen Verlusten stehen bedeutende Bestände gegenüber, die vor allem von der Zentralbibliothek Zürich mit Umsicht gesammelt wurden und noch ständig gemehrt werden. Sie sind unter der Signatur CFM registriert.

Über die Entstehung der Manuskript-Sammlung und über die Geschicke der Manuskripte — insbesondere der Gedichtmanuskripte — orientiert HANS ZELLER in W 2, S. 40—53, unter dem Titel: Geschichte des hs. Gedichtnachlasses.

Da, wie schon Adolf Frey erkannte (Briefe I: 8 vorgeheftete Faks.-Blätter), *Meyers Handschrift* sehr starken Wandlungen unterworfen war, Wandlungen, die Totalmetamorphosen des hs. Ausdrucks gleichkommen, sind die Hs. überall dort, wo konkretere Angaben fehlen, neben dem jeweils verwendeten Papierformat, der Papierqualität und der Tinte für die zeitliche Fixierung der Entwürfe und Endfassungen von außerordentlicher Wichtigkeit. Der periodische Wandel der Schriftformen und die relative Konstanz innerhalb der einzelnen Periode läßt eine zuverlässige Datierung hs. Texte zu, wird jedoch durch die Flüchtigkeit in den Entwürfen („Brouillons") erschwert.

Martin Nink: Wandlungen eines Dichters aus seiner Hs., in: Zentralblatt f. Graphologie 2, 1931.

Die *Druckmanuskripte* der Werke sind weder für die Gedichte noch für die Prosa-Texte vollständig, sondern nur sporadisch erhalten. Für die Textherstellung spielt dies allerdings bei CFM keine so bedeutende Rolle, da er sowohl die Druckbogen wie die späteren Auflagen bis in die Zeit seiner Erkrankung (1893) sehr sorgfältig geprüft hat. Als Grundsatz für die Edition der W gilt daher nicht: Rückkehr zum Druckmanuskript sondern zu den jüngsten der von CFM selbst besorgten Auflagen. Diese haben als *Ausgaben letzter Hand* zu gelten.

Für die Gedichte ist die Situation der Hs., abgesehen von der genannten Bibliothek in den Kommentar-Bden, soweit sie schon erschienen sind, von Hans Zeller erschöpfend dargestellt. Es sei hier lediglich erwähnt, daß auch die Manuskripte der »Bilder und Balladen von Ulrich Meister« und von weiteren Jugendgedichten, wie sie z. B. in der Biographie Adolf Freys zitiert werden, erhalten sind (erstere unter CFM 1, die Jugendgedichte und Entwürfe unter CFM 180 eingereiht). Dasselbe gilt von den im Druck erschienenen Prosa-Texten: hier hat Alfred Zäch in den Kommentaren zu W 8, 10, 11, 12, 13 und 14 in knapper Form die analoge Arbeit wie Zeller für die Gedichte geleistet.

Wir geben hier die Liste der erhalten gebliebenen und der verlorenen resp. bis jetzt nicht aufgefundenen Druckmanuskripte:

»*Huttens letzte Tage*«: teilweise erhalten; Hs. von Betsys Hand mit Korrekturen von CFM teilweise erhalten (CFM 182, 183).

»*Engelberg*«, »*Das Amulett*«, »*Jürg Jenatsch*«, »*Der Schuß von der Kanzel*«, »*Plautus im Nonnenkloster*«: nichts erhalten.

»*Gustav Adolfs Page*«: 1. hs. Entwurf von der Hand CFMs (CFM 189,1), wiedergegeben in W 11, S. 289—326.

2. Druckmanuskript für die ›DR‹, hergestellt von Fritz Meyer (heute in der Stiftung Martin Bodmer [† 1971], Cologny bei Genf; Fritz Meyer vgl. unten S. 80).

»*Das Leiden eines Knaben*«: nicht erhalten.

»*Die Richterin*«: 1. Fragment eines hs. Entwurfs (CFM 192,1), nur zwei Quartseiten umfassend, veröffentlicht in W 12 S. 353 f.

2. Fragment von der Hand Fritz Meyers mit Korrekturen von CFM (CFM 192,2); abgedruckt in W 12, S. 354—361. Das eigentliche Druckmanuskript ist verloren.

»*Der Heilige*«: 1. hs. Entwurf (zu Kap. I—III) von Betsys Hand

mit Korrekturen von CFM (CFM 187,2), betitelt: Der neue Heilige. (Eine alte Geschichte), abgedruckt in W 13, S. 306—323.
2. entsprechender gleichzeitiger Entwurf zu Kap. VIII, aber ohne Korrekturen CFMs (CFM 187,3), abgedruckt in W 13, S. 336.
3. Druckmanuskript für die ›DR‹, z. T. von CFM, z. T. von Fritz Meyer, mit Verlagskorrekturen (CFM 187,1); für die Textgestaltung der W verarbeitet in W 13, S. 325—340.
»Die Versuchung des Pescara«: hs. Fragment, Entwurf zum Anfang der Novelle (CFM 193,1), abgedruckt in W 13, S. 402—420, mit gegenübergestelltem (verkleinertem) Faksimile.
»Angela Borgia«: hs. Entwürfe und das Druckmanuskript für die ›DR‹ sind erhalten. 10 Manuskripte — vor Mai 1890 geschrieben — zeigen Bemühungen für eine dramatische Gestaltung des Stoffes (CFM 194,6 u. 194,6 II—IX). Sie sind abgedruckt in W 14, S. 188 bis 206.
8 Entwürfe gelten dem Anfang der Novelle (CFM 194,5; I—VI, u. CFM 194,7, 51 b); abgedruckt in W. 14, S. 206—214.
Ein erstes fast vollständiges Manuskript der Novelle von CFMs Hand, wahrscheinlich aus dem Frühsommer 1891, ist erhalten (CFM 194,1) und abgedruckt in W 14, S. 215—303. Dieses Ms. diente Meyer, der es hierfür zu eigenem Gebrauch geschrieben hatte, als „Brouillon" (vgl. Brief CFMs an J. Rodenberg, 29. Juni 1891) zum Druckmanuskript für die ›DR‹, das er zusammen mit seiner Schwester im Hochsommer 1891 auf Schloß Steinegg herstellte. (Über weitere Einzelheiten zu diesem Ms. vgl. W 14, S. 214 u. 310 f.) Die Reinschrift Betsys (CFM 194,2) wurde von CFM und seiner Schwester erneut durchkorrigiert, worauf Betsy ein zweites Ms. herstellte, in dem sie alle diese Korrekturen verarbeitete (heute im Goethe- u. Schiller-Archiv in Weimar). Von diesem Ms. hat ein Frauenfelder Gärtner, mit dem Vornamen Karl (wahrscheinlich Karl Schilling), der im Dienste des Schloßgutes Steinegg stand, in CFMs Auftrag eine Abschrift hergestellt. Der Druck der Buchausgabe des Verlages Haessel erfolgte z. T. nach dieser Abschrift (CFM 194,3; vgl. W 14, S. 311—315).

Nach letztwilliger Verfügung CAMILLA MEYERS, der Tochter CFMs, mußten sämtliche *Briefe,* die zwischen CFM und seiner Gattin und zwischen CFM und seiner Schwester Betsy gewechselt wurden, in Gegenwart des Testamentsvollstreckers vernichtet werden (W 2, S. 50 f.). Die restlichen Brief-Hs., Briefe Meyers und seiner Briefpartner, werden (unter CFM 300—342) von der Zentralbibliothek Zürich gehütet, ebenso wie die Briefschaften der Mutter Elisabeth Meyer-Ulrich, der Schwester Betsy, der Gattin Louise Meyer-Ziegler und der Tochter Camilla Meyer (alle unter CFM 384).
Diese Verbrennung brachte dem CFM-Nachlaß und damit der Forschung schwere Verluste. Sie werden nur z. T. behoben

durch die Tatsache, daß eine größere Anzahl von Briefen aus dieser Korrespondenz schon vorher veröffentlicht worden war: in der Biographie Adolf Freys und bei R. d'Harcourt »La crise de 1852—1856. Lettres de CFM et de son entourage«.

Ein vollständiges Verzeichnis der in der Zentralbibliothek Zürich verwahrten hs. Bestände, Probedrucke usw. ist enthalten im: Katalog der Handschriften der Zentralbibliothek Zürich, Lfrg 3, Sp. 1849 bis 1882.

2. Die Vorabdrucke in Zeitschriften

CFM hat der Ausarbeitung seiner Werke äußerste, manchmal sogar bis ins Krankhafte gesteigerte Sorgfalt angedeihen lassen. Solange ihm dazu die Kräfte reichten, hat er an den Texten gebessert und gefeilt, bis sie einen Grad der Vollendung erreicht hatten, der, wenigstens von ihm aus gesehen, ans Absolute grenzte. Mit der jeweiligen Drucklegung war daher die Arbeit keineswegs abgeschlossen; sie setzte sich durch die Auflagen fort.

In dieser Entwicklung spielen nun die Zeitschriften-Drucke eine bedeutende Rolle. Sobald CFM hierzu die Möglichkeit geboten war, das heißt sobald ihm eine geeignete Zeitschrift ihre Spalten öffnete, zog er, oft zum Ärger des Buchverlegers, die Erstveröffentlichung in einer Zeitschrift oder einem Almanach vor. Dabei nahm die ›Deutsche Rundschau‹ (›DR‹) mit ihrem Redakteur Julius Rodenberg den ersten und wichtigsten Platz ein; Rodenberg gelang es, sich den Erstdruck fast aller Prosa-Werke zu sichern. — Für die Gedichte liegen die Verhältnisse naturgemäß komplizierter. Als wichtigstes Sprachrohr diente Meyer nach Veröffentlichung der »Zwanzig Balladen« das Stuttgarter ›Morgenblatt‹ (bis zu dessen Eingehen Ende 1865). Später fand er Zugang zu der in Leipzig erscheinenden ›Deutschen Dichterhalle‹ und zu der von Karl Emil Franzos herausgegebenen ›Deutschen Dichtung‹ (›DD‹), vereinzelt auch zu schweizerischen Zeitschriften wie den ›Alpenrosen‹. Auch verschmähte Meyer nicht, seine Gedichte zu allerhand Gelegenheitsdrucken, z. B. bei Wohltätigkeitsveranstaltungen, zur Verfügung zu stellen; doch wahrte er trotzdem in allen diesen Dingen stets große Zurückhaltung. Im übrigen sei auf die Ausführungen Zellers in W 1—4 verwiesen und auf die Literatur zur Entstehungsgeschichte einzelner Gedichte.

Die Vorabdrucke der Prosa-Werke erschienen in folgenden Zeitschriften:

»Jürg Jenatsch«: Die Literatur. Wochenschrift für das nationale Gei-

stesleben der Gegenwart in Wissenschaft, Kunst u. Gesellschaft. (Red.: Paul Wislicenus.) Jg 2, 1874, Nr 31 (31. 7.) — Nr 52 (25. 12.). — Der Titel lautet: »Georg Jenatsch. Eine Geschichte aus der Zeit des Dreißigjährigen Krieges«.

»Der Schuß von der Kanzel«: Zürcher Taschenbuch auf das Jahr 1878, hg. v. einer Gesellschaft zürcherischer Geschichtsfreunde. Neue Folge. Jg 1, 1878, S. 24—65.

»Der Heilige«: ›DR‹, Bd XXI, Nov. u. Dez. 1879, S. 173—207 resp. 343—370, u. Bd XXII, Jan. 1880, S. 1—25.

»Plautus im Nonnenkloster«: ›DR‹, Bd XXIX, Nov. 1881, S. 169 bis 188. — Unter dem Titel: »Das Brigittchen von Trogen«.

»Gustav Adolfs Page«: ›DR‹, Bd XXXIII, Okt. 1882, S. 1—29. — Unter dem Titel: »Page Leubelfing«.

»Die Hochzeit des Mönchs«: ›DR‹, Bd XXXVII, Dez. 1883, S. 321 bis 354, u. Bd XXXVIII, Jan. 1884, S. 1—27.

»Das Leiden eines Knaben«: Schorers Familienblatt. Bd IV, 1883, Nrn 35—39 (2., 9., 16., 23. u. 30. Sept.). — Unter dem Titel: »Julian Boufflers. Das Leiden eines Knaben«.

»Die Richterin«: ›DR‹, Bd XLV, Okt. u. Nov. 1885, S. 1—26, resp. 161—184.

»Die Versuchung des Pescara«: ›DR‹ Bd LIII, Okt. u. Nov. 1887, S. 1—42 resp. 161—199.

»Angela Borgia«: ›DR‹, Bd LXIX, Okt. u. Nov. 1891, S. 1—41 resp. S. 161—203.

In Zeitschriften sind ferner erschienen:

»Autobiographische Skizze«: Die poetische Nationalliteratur der Schweiz, Bd IV, 1876, S. 106 f. — Nicht zu verwechseln mit der »Autobiographischen Skizze« in: ANTON REITLER »CFM zu dessen 60. Geb.«.

»Ludwig Vulliemin«: NZZ v. 16. u. 18. 3. 1878.

»Kleinstadt und Dorf um die Mitte des vorigen Jahrhunderts. Nach einem Manuscripte von Edm. Dorer mitgeteilt von C. Ferdinand Meyer«: Zürcher Taschenbuch auf das Jahr 1881, S. 43—75.

»Mathilde Escher. Ein Portrait«: Zürcher Taschenbuch auf das Jahr 1883, S. 1—18.

»Graf Ladislas Plater« (Nekrolog): NZZ v. 22. 4. 1889.

»Erinnerungen an Gottfried Keller«: ›DD‹, Bd IX, H. 1, Okt. 1890.

»Mein Erstling „Huttens letzte Tage"«: ›DD‹, Bd IX, H. 4, Jan. 1891.

Ferner: *Rezensionen* über Werke von Felix Dahn, Rudolf Rahn, Adolf Frey, Herman Lingg, Graf Dürckheim u. a. (insgesamt 12). Angabe des ersten Druckortes in: Briefe II, S. 401—438.

3. Erstdrucke, Wissenschaftliche Ausgabe

a) *Gedichte:*

»Zwanzig Balladen von einem Schweizer.« Stuttgart: Metzler 1864. — Unter dem Titel »Balladen von Conrad Ferdinand Meyer« als

Restaufl. übernommen vom Verlag H. Haessel, Leipzig 1867. — W 6.

»Romanzen und Bilder von C. F. Meyer.« Leipzig: Haessel 1870 (schon 1869 erschienen). — W 6.

Die »Zwanzig Balladen« und die »Romanzen und Bilder« sind heute zugänglich in: CFMs Sämtl. Werke, 2 Bde. München: Winkler [1967], Bd II, S. 223—299 resp. S. 303—365.

»Gedichte von Conrad Ferdinand Meyer.« Leipzig: Haessel 1882.

Bis zur Erkrankung des Dichters erlebten die »Gedichte« 5 Auflagen. Die Zahl der Gedichte vermehrte sich in dieser Zeit von 192 auf 231. Auch die einzelnen Gedichte wurden größeren oder kleineren Veränderungen unterzogen (vgl. W 2, S. 7—25). Abgesehen von den zwei Gedichten »Weihgeschenk« und »Einer Toten«, deren Entfernung und Wiederaufnahme ein besonderes biographisches Kapitel füllen würde, wurden die nachfolgenden 6. bis 214. Aufl. als Stereotypausgaben unverändert belassen, auch die darin enthaltenen Fehler. Erst die 215., von JONAS FRÄNKEL durchgesehene Dünndruckausgabe von 1924 brachte eine größere Zahl von Berichtigungen.

W 1, dazu die *Kommentarbde 2—5* (bis jetzt erschienen Bd 2 u. 3).

Diese Ausgabe ist allein verbindlich und zuverlässig. Für die wissenschaftliche Arbeit und für das Zitieren kommt nur sie in Frage.

Aus dem Nachlaß sind ferner zugänglich:

»CFM: Gedichte an seine Braut.« Hrsg. v. Constanze Speyer. 1940.

Ferner einige *Spätgedichte* in Langmessers Biographie, S. 526—529.

»Huttens letzte Tage, eine Dichtung.« 1872, ²1872, ³1881, 11./12. Aufl. 1898. — 1922 erschien die 293./296. Aufl. als ,Taschenausgabe', eingeleitet von Max Nussberger. — In den ›Guten Schriften‹ (Zürich) besorgte Alfred Zäch 1948 eine Schul-Ausg. mit Einleitung. — W 8.

»Engelberg, eine Dichtung.« 1872, erst 14 Jahre später ²1886. — Für die ,Taschenausgabe' (140./142. Aufl.) von 1922 schrieb Max Nussberger eine Einleitung. — W 9.

b) *Sämtliche Prosa-Texte* erschienen bis zum Erlöschen der Autorenrechte ausschließlich bei HERMANN HAESSEL in Leipzig. Und zwar mit verschiedenen, aber verhältnismäßig hohen Auflagezahlen. Dabei weist, wie bereits angedeutet, jeweils jener, der den Ausbruch der Krankheit (1892) unmittelbar vorausgeht, den verbindlichsten Text auf. Doch hat Meyer an den Prosa-Dichtungen nach der zweiten Buchauflage selten mehr etwas geändert.

Liste der Auflagen in Tabellenform s. in: Die schöne Literatur. Jg 29, 1928, H. 6, S. 279—282, aufgestellt nach dem Archiv des Verlages Haessel.

Die folgende Liste der Erstauflagen gibt auch Hinweise auf wichtige spätere Veränderungen:

»Das Amulett.« 1873. — ²1878 unter dem Obertitel: »Denkwürdige

6

Tage«, zusammen mit dem »Schuß von der Kanzel«. — Die 4. Aufl. war Teil von »Novellen I«, 1885. — W 11.

»*Jürg Jenatsch.*« 1876 unter dem Titel: »Georg Jenatsch«; der Titel »Jürg Jenatsch« erscheint ab ³1882. — W. 10.

»*Der Schuß von der Kanzel.*« (vgl. Bemerkung zu »Amulett«, ²1878.) Da die Novelle im ›Zürcher Taschenbuch auf das Jahr 1878‹ erschienen war, wurde die erste Buchausgabe vom Verleger wohl aus propagandistischen Gründen als 2. Aufl. deklariert. — Die 3. Aufl. erschien 1882 als Bd 2 der »Kleinen Novellen von CFM«; die 4. Aufl. war (s. o.) Teil von »Novellen I«, 1885. — W 11.

»*Der Heilige.*« 1880; 2. Aufl. mitgedruckt und auf dasselbe Jahr datiert; ³1882. — Die Novelle erschien nie anders als in Einzelausgabe. — Eine von HERBERT CYSARZ revidierte Ausgabe erschien 1923. — W 13.

»*Plautus im Nonnenkloster.*« 1882 (in »Kleine Novellen von CFM«, Bd 3). — Im oben genannten Novellenbd erschien die 3. Aufl. als drittes Stück. — W 11.

»*Gustav Adolfs Page.*« 1882 (vorausdatiert auf 1883). — Im Novellenbd des Jahres 1885 war die 2. Aufl. das vierte und letzte Stück. Dieser Band erschien 1888 in 2. Aufl., was der 3. Aufl. der »Novellen I« entspricht. — Die 4. Aufl. erschien in einem Sonderbd zusammen mit »Plautus im Nonnenkloster« 1889 unter dem Titel: »Zwei Novellen von CFM«. — W 11.

»*Die Hochzeit des Mönchs.*« 1884, ²1884, ³1885. Die 3. Aufl. bildete das erste Stück der »Novellen II«. — Die Einzelausgaben tragen die gedruckte Widmung: „Dem Andenken Heinrich Laube's gewidmet vom Verfasser und Verleger". — Die 4. und ein Teil der 5. Aufl. erschienen in anderem Format als ‚Taschenausgabe'. — W 12.

»*Das Leiden eines Knaben.*« Die 1. u. 2. Aufl. wurden beide im Jahre 1883 ausgeliefert. In den »Novellen I« erschien die Novelle als zweites Stück in der 3. Aufl. (1885). Als 2. Aufl. wurde auch diejenige von 1888 deklariert (in Wirklichkeit ist es die 4. Aufl.), während ein Teil mit anderem, beschnittenem Format als ‚Taschenausgabe' herauskam. — W 12.

»*Die Richterin.*« 1885; die 2. Aufl. wurde wohl gleichzeitig mit der 1. Aufl. gedruckt, da die 1. Aufl. Ende des Jahres erschien und die 2. Aufl. ebenfalls mit 1885 datiert ist. Im selben Jahr erschien eine 3. Aufl. in »Novellen II«. — Sowohl von der Einzelausgabe wie vom Novellenbd waren 3, resp. 4 Jahre später neue Auflagen, d. h. die 4. und die 5. nötig: »Novellen II«, ²1889; »Die Richterin«, ⁵1889. — W 12.

»*Die Versuchung des Pescara.*« 1887; 2. Aufl. zusammen mit der 1. Aufl. gedruckt und auf dasselbe Jahr datiert, ebenso die 3. Aufl. — Die 4. Aufl. erschien 1888, war aber auf das Jahr 1889 vordatiert. Mit ihr zusammen kam die 5. Aufl. 1889. — W 13.

»*Angela Borgia.*« 1891; ²1892. — W 14.

c) *Poetische Fragmente aus dem Nachlaß:*

»Unvollendete Prosadichtungen.« Eingel. u. hrsg. v. Adolf Frey. 2 Bde. 1916.

»Clara.« Hrsg. v. Constanze Speyer. In: Corona. Jg 8, 1938, H. 4.

d) *Übersetzungen von CFM:*

THIERRY, AUGUSTIN: Récits des temps Merovingiens. — Erzählungen über die Geschichte Frankreichs. Übersetzt v. CFM. Elberfeld: Friedrichs 1855. Neudruck unter dem Titel: Könige und Königinnen der Merowinger. 1938.

GUIZOT, FRANÇOIS: L'amour dans le mariage. — Lady Russel. Eine geschichtliche Studie. Aus d. Französ. v. CFM. Zürich: Beyel 1857.

e) *Die historisch-kritische Ausgabe* — zit.: W

Auf Anregung der ›Gottfried Keller-Gesellschaft‹ in Zürich wurde Mitte der fünfziger Jahre die Schaffung einer historisch-kritischen Gesamtausgabe in die Wege geleitet. Die Bände dieser Ausgabe erscheinen seit 1958, insgesamt sind 15 Bde vorgesehen. Außer von der genannten Gesellschaft wird die Ausgabe noch vom Kanton Zürich und vom Schweizer. Nationalfonds unterstützt und auf Grund sorgfältigster Benutzung des umfangreichen Nachlasses von HANS ZELLER und ALFRED ZÄCH herausgegeben. Beide haben sich in die Arbeit so geteilt, daß Zeller die Gedichte, Zäch die Prosa und die beiden Versdichtungen (»Hutten«, »Engelberg«) betreut. Bis 1970 liegen 9 Bde vor. Sowohl die wissenschaftliche Anlage wie die technische Ausführung sind mustergültig. Die bereits edierten Bände orientieren jeweils in erschöpfendem Sinne über die Entstehungsgeschichte, über die Textveränderungen und über die Anfänge der Wirkungsgeschichte.

CONRAD FERDINAND MEYER: Sämtliche Werke. Historisch-kritische Ausgabe. Hrsg. v. Hans Zeller u. Alfred Zäch. 15 Bde; bisher 9 Bde erschienen. Bern: Benteli 1958 ff. — *zit.:* W

Die Bde erschienen in folgender Reihenfolge:

Bd 10: Jürg Jenatsch. 1958.
Bd 11: Novellen I, enthaltend: Das Amulett, Der Schuß von der Kanzel, Plautus im Nonnenkloster, Gustav Adolfs Page. 1959.
Bd 12: Novellen II, enthaltend: Die Hochzeit des Mönchs, Das Leiden eines Knaben, Die Richterin. 1961.
Bd 13: Der Heilige, Die Versuchung des Pescara. 1962.
Bd 1: Gedichte. 1963.
Bd 2: Gedichte. Bericht des Herausgebers, Apparat zu den Abt. I u. II. 1964.
Bd 14: Angela Borgia. 1966.
Bd 3: Gedichte. Apparat zu den Abt. III u. IV. 1967.
Bd 8: Huttens letzte Tage. 1970.

Die noch ausstehenden Bde sollen enthalten:

Bd 4: Gedichte. Apparat zu den Abt. V u. VI.
Bd 5: Gedichte. Apparat zu den Abt. VII, VIII u. IX.
Bd 9: Engelberg
Bd 6: Die frühen Gedichtsammlungen.
Bd 7: Übrige (verstreute) Gedichte.
Bd 15: Entwürfe, Fragmente, Aufsätze.

Der verwirrenden Vielfalt des Nachlasses entsprechend wurde für diese Edition ein sehr kompliziertes Zeichen-Typen-System entwickelt. Wer die Ausgabe mit vollem Gewinn benutzen will, wird daher gut daran tun, sich erst in dieses Zeichensystem gründlich einzulesen, am besten auf Grund der Darstellung in Bd 2, S. 88—113.

Von anderen, derzeit greifbaren Ausgaben der Werke CFMs genügt die 2bdge des Verlages Winkler in München (1967) gewissen Ansprüchen. Das gleiche gilt für die in der ›Reclamschen Universal-Bibliothek‹ erschienenen Einzelausgaben (Nr 6942—6956). Alle übrigen Ausgaben sind für wissenschaftliche Zwecke nicht ausreichend.

4. Briefe

Zu bedauern ist, daß in die histor.-krit. Ausgabe nicht auch eine Neuausgabe des Briefwechsels eingeplant wurde.

Folgende Einzel-Ausgaben liegen vor:

Louise von François und CFM. Ein Briefwechsel. Hrsg. v. Anton Bettelheim. 1905.

Friedrich Theodor Vischer Briefwechsel mit CFM, in: Süddt. Monatshefte 1906, Febr.

Briefe CFMs, nebst seinen Rezensionen und Aufsätzen. 2 Bde. Hrsg. v. Adolf Frey. 1908. — *zit.:* Briefe I, II.

CFM und *Julius Rodenberg.* Ein Briefwechsel. Hrsg. v. August Langmesser. 1918.

Briefe von CFM, Betsy M. und *J. Hardmeyer-Jenny.* 1927. (Neujahrsbl. d. Literar. Ges. Bern. Nr 5.)

ANTON REITLER: Von CFM und seinem Verleger [*Hermann Haessel*], in: Jb. d. Literar. Vereinigung Winterthur 1925.

FRIEDRICH WILHELM BISSIG: Mathilde Wesendonck. 1942. Enthält: Die Briefe CFMs an *Mathilde Wesendonck.*

EMIL BEBLER: CFM und *Gottfried Kinkel.* Ihre persönlichen Beziehungen auf Grund ihres Briefwechsels. 1940.

Von den infolge der letztwilligen Verfügung Camilla Meyers verbrannten Briefen sind trotzdem bedeutende Reste — z. T. in vollem Wortlaut, z. T. in Übersetzung — erhalten. ADOLF FREY teilt in seiner CFM-Biographie (1900) zahlreiche Briefe und Brieffragmente mit. ROBERT D'HARCOURT tat das gleiche vor allem in dHC.

5. Biographien und größere Werke über CFM, Forschungsberichte

ANTON REITLER: CFM. Eine literarische Skizze. 1885.

ADOLF FREY: CFM. Sein Leben u. seine Werke. 1900, [2]1903, [3]1918, [4]1925.

Betsy Meyer: CFM In der Erinnerung seiner Schwester. 1903.
August Langmesser: CFM. Sein Leben, sein Werk u. sein Nachlaß. 1905.
Eduard Korrodi: CFM-Studien. 1912.
Robert d'Harcourt: CFM. Sa vie et son oeuvre. Paris 1913.
Ders.: CFM. La crise de 1852—1856. Lettres de CFM et de son entourage. Paris 1913.
Franz Ferdinand Baumgarten: Das Werk CFMs. Renaissance-Empfinden u. Stilkunst. 1917, ²1948.
Max Nussberger: CFM. Leben u. Werk. 1919.
Walther Linden: CFM. Entwicklung u. Gestalt. 1922.
Erich Everth: CFM. Dichtung u. Persönlichkeit. 1924.
Harry Maync: CFM u. sein Werk. 1925.
Karl Emanuel Lusser: CFM. Das Problem seiner Jugend. 1926.
Robert Faesi: CFM. 1925. (Zuerst als Einleitung der 4bd. Dünndruckausgabe der Werke, dann gleichzeitig auch als Einzeldruck.)
Maria Nils: Betsy, die Schwester CFMs. 1943.
Helene von Lerber: CFM, der Mensch in der Spannung. 1948.
Lily Hohenstein: CFM. 1957.
Georges Brunet: CFM et la nouvelle. Paris 1967. (Bibliographie: S. 537—557.)
Weitere Literatur s. S. 116 f.

Allgemeine Darstellungen:

Emil Ermatinger: Dichtung u. Geistesleben der dt. Schweiz. 1933, S. 657—667.
Alfred Zäch: Die Dichtung der dt. Schweiz. 1951, S. 130—149.
Hellmuth Himmel: Geschichte der dt. Novelle. 1963, S. 307—317.
Fritz Martini: Deutsche Literatur im bürgerl. Realismus. 1848 bis 1898. 1962, ²1964.
Benno von Wiese: Novelle. (Slg Metzler. 27.) 1962, ⁴1971.
Karl Fehr: Der Realismus in der schweiz. Literatur. 1965.

Forschungsberichte:

Fritz Eckardt: Die Auflagen der Werke von CFM, in: Die schöne Literatur 29, 1928, H. 6, S. 279—282.
Friedrich Michael: CFMs Werk u. sein Echo. Ein Rückblick bei seinem 100. Geb., in: ebda 26, 1925, S. 443—447.
G. Conrad: CFM. Ein Forschungsbericht, in: Der Deutschunterricht (Stuttgart) 1951, H. 2.
W. Oberle: CFM. Ein Forschungsbericht, in: GRM Neue Folge 6, 1956, H. 3.
Fritz Martini: Forschungsbericht zur dt. Literatur in der Zeit des Realismus, in: DVjs. 1960, H. 4.

Bildbände:

Alfred Zäch: CFM. 19. (Schweizer Heimatbücher. 7.)
Georg Thürer u. Philipp Harden-Rauch: CFM. Bilder aus seinem Leben. 1967.

II. Das Leben vor der Dichterzeit (1825—1865)

1. Herkunft

CONRAD FERDINAND MEYER entstammte väterlicher- und mütterlicherseits dem nach Ansehen und Bildung gehobenen und hablichen Bürgertum Zürichs. Die väterliche Sippe war im 16. Jh. aus Eglisau nach Zürich eingewandert und hatte sich durch Fleiß und Tüchtigkeit zu bedeutendem Wohlstand emporgearbeitet. Aber erbbiologische Faktoren haben die väterliche Linie in verhängnisvoller Weise beeinflußt: FERDINAND MEYER (* 7. 3. 1799, † 10. 5. 1840), CFMs Vater, war der Sohn einer Verwandten-Ehe innerhalb der väterlichen Sippe, und zwar einer Ehe zwischen Cousin und Cousine, weshalb die Heirat ehegerichtlich bestätigt werden mußte; er war außerdem das jüngste unter neun Kindern, als Zwilling mit einem Schwesterchen zusammen geboren, das die Geburt nicht überlebte. Schon ein Jahr später verlor er überdies die Mutter. Die positiven und negativen Erbfaktoren ergaben eine geringe körperliche Widerstandsfähigkeit verbunden mit ungewöhnlich hohen geistigen Gaben. Er absolvierte das Gymnasium, widmete sich juristischen und historischen Studien und erweiterte in Lausanne seine Sprachkenntnisse, worauf er sofort in den Zürcher Staatsdienst trat und in kurzer Zeit über die Stufe eines dritten Staatsschreibers in die Exekutive aufstieg, und zwar als Anhänger einer gemäßigten repräsentativen Demokratie (1831). Er übernahm gleichzeitig, nicht aus Geltungsdrang, sondern aus großem Pflichtbewußtsein, weitere Ämter. So wurde er Mitglied des Erziehungsrates. Aber schon ein Jahr nach der Wahl wurde das Regierungskollegium durch ein radikaleres verdrängt, und Ferdinand Meyer schied aus, um die Stelle eines Geschichts- und Geographielehrers an der neu gegründeten Kantonsschule zu übernehmen. 1839 nach dem ,Zürichputsch' im Zusammenhang mit dem Straußenhandel abermals in die Regierung berufen und zum Präsidenten des Erziehungsrates gewählt, vermochten seine labilen Kräfte einer Tuberkulose-Attacke nicht mehr standzuhalten. Er starb schon am 10. Mai 1840 und ließ einen Sohn von 14 und eine Tochter von 9 Jahren zurück. Während seiner Lehrtätigkeit am Gymnasium hatte er zwei größere historische Schriften veröffentlicht, eine über die evangelische Gemeinde von Locarno und eine über eine mißlungene Säkularisation des Hochstiftes von Chur. Daß es hauptsächlich die Rauheiten des politischen Lebens waren, die ihm zusetzten, scheint außer allem Zweifel zu stehen.

1824 war er die Ehe mit der Schwester eines früh verstorbenen Freundes, mit Betsy (Elisabeth) Ulrich eingegangen, die er in Lausanne kennengelernt hatte. Sie war die einzige Tochter JOHANN CONRAD ULRICHS (1761—1828) und der Anna Cleopha Zeller (1771—1843). Der Großvater, infolge von Vermögensverlusten in der Familie von einer höheren Bildung ferngehalten, war ein Mensch von hohem religiösen und sozialen Idealismus. Vom Taubstummenvater Pfr. Heinrich Keller in Schlieren angeregt, bildete er sich in Paris beim berühmten Abbé de l'Epée (1712—1787) zum Taubstummenlehrer aus, wirkte als solcher in Genf. Nach neunjähriger Tätigkeit nach Zürich zurückgekehrt (1795), ließ er sich von den Ideen der Revolution mächtig ergreifen, wurde vom Helvetischen Direktorium zum Erziehungsrat, dann zum Unterstatthalter und Statthalter ernannt. Durch die Mediation wieder ausgebootet, aber durch die Wahl ins Stadt- und später ins Obergericht rehabilitiert, setzte er daneben seine philanthropische Tätigkeit fort, indem er das zürcherische Blindeninstitut förderte und die Einrichtung einer Taubstummenanstalt durchsetzte. Auch J. C. Ulrich hatte, wie CFMs Großvater der väterlichen Linie und der leibliche Vater, etwelche Neigungen zur Schriftstellerei, und zwar in philanthropisch-politischer Richtung.

Was sich in seiner Nachkommenschaft verhängnisvoll auswirkte, das war eine Neigung zu Hypochondrie und zu depressiven Reaktionen auf schwerere Schicksalsschläge. Der frühe Tod seines einzigen Sohnes Heinrich (1798—1817) habe, so berichtet Adolf Frey, seine Nerven erschüttert und melancholische Anwandlungen wachgerufen; von der Seite eines Gleichaltrigen (Dekan Zwingli) wird er als ein Mensch von feinen Sitten, reiner Moralität und von „zuweilen an Düsterkeit grenzendem Ernst" geschildert (Frey, S. 18). Wenn diese Angaben tatsächlich auf eine depressive Seelenlage hindeuten, so würde sich von hier aus die sowohl bei der Mutter CFMs wie bei diesem selbst und bei dessen Tochter manifest gewordene Depressivität aus erbbiologischen Anlagen erklären lassen. Die große Anfälligkeit und geringe Widerstandsfähigkeit gegenüber erhöhten Anforderungen des Lebens waren offensichtlich Schwächen, die beiden Eltern des Dichters anhafteten. Aber auch ihre überdurchschnittlich hohen geistigen Fähigkeiten und der Sinn für Kultur und Ordnung müssen zu den erbbiologischen Daten hinzugerechnet werden. Zu den gemeinsamen geistigen Voraussetzungen gehört auch die tiefe Verwurzelung der beiden großelterlichen Familien in dem von einem starken Pflicht-Ethos bestimmten und seit dem 17. Jh. philanthropisch gefärbten zwinglianischen Protestantismus der zürcherischen Staatskirche. Ferner war beiden Familien eine gewisse unbürgerliche Großzügigkeit im politischen und weltanschaulichen Denken eigen.

Leider sind die Nachrichten über die beiderseitigen Großmütter so spärlich, daß genauere Bezüge zu den Erbmassen der Mütter über das hinaus, was von der Großmutter väterlicherseits angedeutet ist, kaum herstellbar sind. Eine erbbiologische Untersuchung, die über die schönfärberische Darstellung Freys hinaus eine präzisere Orientierung ermöglichen würde, steht noch aus. Es fehlt auch, trotz bedeutsamer Vorarbeiten, an einer klaren anthropologisch-psychologischen Durchleuchtung der Mutter des Dichters, Elisabeth Meyer-Ulrich. Sie erst würde eine objektive Beurteilung der Beziehung des Sohnes zur Mutter ermöglichen, einer Beziehung, die weit über die erbbiologischen Gegebenheiten hinaus die geistige und seelische Entwicklung des Dichters in entscheidender Weise bestimmte. Doch bedeutet Lily Hohensteins CFM-Buch einen Durchbruch zu Neuem (s. S. 18, 41, 113).

Elisabeth Meyer-Ulrich (* 10. Juni 1802, † 27. September 1856) war einzige Tochter ihrer Eltern. Nach der Sitte der Zeit hatte sie in Zürich und Lausanne eine auf das Sittlich-Religiöse und Gesellschaftliche ausgerichtete, eher puritanische Erziehung genossen. Karitative Betätigung im philanthropischen Sinne des Vaters war für sie eine Selbstverständlichkeit, ja eine mit Hingabe geübte Pflicht. Auf Grund des eigenen unbescholtenen Lebenswandels mag sich früh eine gewisse moralistische Ausschließlichkeit und Selbstgerechtigkeit und neben einem Hang zur ängstlichen Wahrung gesellschaftlicher Formen und Verpflichtungen ein stark pietistischer Zug entfaltet haben. Mit ihrem Manne verband sie die gegenseitige beinahe mädchenhafte Scheu und Zartheit der Liebesbeziehungen, doch scheint sie in der Wärme dieser echten ehelichen Geborgenheit zu einer wenigstens zeitweiligen Fröhlichkeit und Heiterkeit aufgeblüht zu sein, um so mehr als dieser heitere Ton auch von der im Hause weilenden Großmutter (mütterlicherseits) getragen wurde. Mit einem hoch, ja überhoch gesteigerten

Pflichtbewußtsein verbanden sich aber leicht Schuldgefühle und Eindrücke des Versagens vor dem Leben und vor Gott. Damit verband sich eine Lebensangst und eine gewisse Unverträglichkeit anders gearteten Naturen gegenüber. Diese Schwächen drängten sich nach dem frühen Tod ihres Gatten vor. Nun steigerte sich ihre puritanische Strenge sich selbst gegenüber bis ins Krankhafte. Einem Bild, das die Porträtmalerin Maria Ellenrieder von der 15jährigen gemalt hatte, ließ sie von einem verwandten Maler (Conrad Zeller) eine nonnenartige Tracht hinzufügen, das dem dunkelgrauen Wollhabit entsprach, welches sie seit dem Tode ihres Gemahles zu tragen pflegte. Nach Art pietistisch übersteigerter Frömmigkeit (pietistische Erbauungsliteratur füllte in größerem Umfange die Regale ihrer Privatbibliothek) pflegte sie sich Unglücksfälle als Strafen für sündhafte Schuld zur Last zu legen. Natürliche, daseinsfreudige Regungen duldete sie an sich selbst immer seltener und war leicht geneigt, entsprechende Äußerungen bei ihren Kindern, deren Erziehung ihr nach dem Tode des Gatten ganz übertragen war, als Zügellosigkeit und Zeichen unfrommen Selbstbewußtseins zu verurteilen, wie denn Demut und seelische Selbstkasteiung für sie die höchste moralische Forderung bedeutete. Verhängnisvoller noch wirkte sich für ihren Sohn die puritanische Ablehnung der Kunst als eines sündhaften weltlichen Heidenwerks aus. So mußten die zentralen dichterischen Bemühungen CFMs in den Augen der Mutter zu einem frevlerischen Tun werden. Der Sohn, der im Anbruch der Pubertät, da er den Vater verlor, diesen pathologisch-depressiven Verwandlungsprozeß nicht verstand, welcher aus der freundlichgütigen Gespielin eine ängstlich-tyrannische Moralistin machte, mußte darauf, je stärker er innerlich an die Mutter gebunden war, um so mehr mit Trotz antworten. Ja, er konnte sich mit zunehmenden Jahren nur auf solche Weise gegen die seelischgeistige Bevormundung der Mutter zu Wehr setzen.

Dazu kamen gesellschaftliche Vorurteile, von denen das Denken der Mutter eingegrenzt war: Vater und Gatte waren im Dienst für die Gemeinschaft und das höhere Staatsganze aufgegangen; der Sohn, nach künstlerischer Selbstentfaltung trachtend, zeigte für diese Art von stoisch-christlicher Pflichterfüllung keine Neigung. Die spärlich erhaltenen brieflichen Äußerungen genügen, um eine zwangsneurotische Steigerung der Mutter-Sohn-Beziehung, und zwar bei beiden Partnern, festzustellen.

Daß sich bei beiden die seelischen Krisen auf verhältnismäßig lange Zeiten erstreckten, hängt wohl mit der Mittler-rolle zusammen, die Betsy (Elisabeth) Meyer (* 19. 3. 1831, † 22. 4. 1912), die um fünf Jahre jüngere Schwester CFMs, in dieser an sich tragischen Mutter-Sohn-Beziehung spielte. Das Verhältnis von Bruder und Schwester scheint von Anfang an auf gegenseitiger Anziehung beruht zu haben, und auch die Mutter-Tochter-Beziehung war, soweit sich dies noch aus schriftlichen Dokumenten erkennen läßt, eine kaum je getrübte. Auch setzte Betsy den Ansinnen der Mutter keinen Widerstand entgegen, während sie dem Bruder auch während der schwersten seelischen Krisen zugetan blieb. Eine Trotzhaltung der Schwester gegenüber scheint dieser nie eingenommen zu haben. Vielmehr wurde Betsy unter der seelischen Spannung selber früh zu einer verständnisreichen Mittlerin zwischen Mutter und Bruder. Dieser Aufgabe — da sie von robusterer Natur war als der Bruder — wurde sie sich immer deutlicher bewußt.

Der depressive Pessimismus verhärtete sich bei der Mutter zur Zwangsvorstellung, mit einem mißratenen Sohn geschlagen zu sein, den man, da menschliche Kräfte versagten, der Barmherzigkeit Gottes in besonderem Maße empfehlen müsse. Die Beaufsichtigung und seelische Bevormundung ihres Sohnes, die sie in der Überzeugung ausübte, für ihn nur das beste zu wollen, dehnte sich auf alle Bereiche des Lebens aus und hörte auch dann nicht auf, wenn Conrad in der Ferne weilte. Noch im Mannesalter empfahl sie ihm peinlichste Sorgfalt mit seinen Kleidern und Ordnung in seinem Zimmer und stellte diese Tugenden höher als jede geistige Leistung. Von seiner Übersetzertätigkeit hielt sie, die selber das Französische sehr gut beherrschte, wenig; noch viel weniger war sie bereit, seine dichterischen Versuche ernst zu nehmen. In literarischen Fragen völlig unerfahren, hielt sie sich an Urteile, die andere über ihren Sohn fällten, so etwa an Gustav Pfizer, und ließ sich in ihrem Pessimismus von ablehnenden Äußerungen stets stärker beeinflussen als von solchen der Anerkennung. Der Unterbruch der Gymnasialbildung, das Scheitern im Rechtsstudium und die Reihe unausgeführter oder in den Anfängen stecken gebliebener Pläne mußten sie in der allgemeinen Überzeugung bestärken, daß ihr „armer Conrad" — das blieb die stereotype Bezeichnung — ein verlorener Sohn sei. Betsy hält in ihren Erinnerungen (S. 102) eine Episode fest: Anläßlich eines Besuches wurde der Sohn unfreiwillig Zeuge einer Äußerung seiner Mutter; die Worte, mit denen sie von ihrem Sohne redete, ließen ihn erkennen, daß sie ihn aufgegeben hatte und sich auf sein Ende gefaßt machte. (Über die Auswirkungen dieses Erlebnisses auf CFM wird an anderer Stelle berichtet. Hier haben wir nur die Mutter vor Augen.) Aufgewachsen in einer familiären Umgebung, in der zum mindesten die männlichen Mitglieder zu Ansehen und geachteten Stellungen im öffentlichen Leben emporgestiegen, von der Überzeugung geleitet, im Sohn den geistigen Erben des Vaters, der selber zu höchsten politischen Würden im Kanton emporgestiegen war, heranziehen zu müssen, waren ihre Schlüsse, die sie aus den fortwährenden Mißerfolgen Conrads zog, keineswegs nur die Frucht krankhaft übersteigerter Mutterängste. Von ihrem gesellschaftlichen Denken aus gesehen, war ihr Sohn eine unglückliche Existenz. Bedenken wir wohl: In der aufstrebenden Kleinstadt, die Zürich damals war, durfte auf Anerkennung nur hoffen, wer in Gewerbe oder Handel seinen Mann stellte, und höhere geistige Gaben hatten nur ihren Sinn, wenn sie so ausgenützt oder in den Dienst der Öffentlichkeit gestellt wurden. Für die Kunst hatte das zwinglianisch-puritanische Bürgertum in CFMs jungen Jahren noch wenig oder nichts übrig, ja, alles, was mit Kunst zu tun hatte, stand im Geruch des Bohèmehaften und des moralisch Anrüchigen. Das hatte kurz zuvor auch Gottfried Keller erfahren. Frau Elisabeth Meyer-Ulrich war in dieser Denkwelt, die in ihrem engeren Kreis noch von einem skrupulösen Pietismus gefärbt war, aufgewachsen. Daß sie nach dem Tode ihres Mannes in dieser Denkwelt verharrte und nicht mit ihrem Sohn weiter wuchs — die Mutter Kellers hat dies getan —, das war ihr Unglück, und dieses Unglück wuchs sich zur Tragik aus, als sie unter der Last ihrer Skrupel nachgab und mit ihren eigenen neurotischen Störungen auch im Sohn, der dazu die Erbanlagen mit sich brachte, die Neurosen auslöste. Wie natürlich, daß sie sich in ihren zunehmenden Schwächezuständen, da ihr der herangewachsene Sohn einen Schutz versagte, ja fortdauernd ein Gegenstand der Sorge blieb, an die Tochter hielt, sich an sie anklammerte und sie in ihren Kümmernissen um den Sohn ins Vertrauen zog, eine Entwicklung, die dessen depressive Stimmungen noch gesteigert hätte, wenn nicht die von Anfang an bestehende Vertraulichkeit und gegenseitige Liebe die drohende Entfremdung aufgehalten hätte. Es ist aber nicht zu übersehen, daß CFM in der Zeit seiner schwersten Bedrohung zuzeiten Mutter und Schwester als eine Front empfunden hat. Als er sich auf dem Wege der Heilung befand, schrieb er aus Préfargier an seine Schwester, daß es für ihn notwendig sei, fünf bis zehn Jahre fernzubleiben (Br. Conrads an d. Schwester v. 8. 10.

1852; dHC S. 36). Eine solche Abwehr gegen die Schwester hat
das konspirative Verhalten der Mutter verursacht.

Das Bild dieser so tragisch veranlagten Dichter-Mutter wäre
einseitig, wollten wir uns nur ihr Verhalten in der engsten Familie vor Augen halten. Zu den selbstverständlichsten Pflichten
gehörte aber die Fürsorge im weitesten Sinne, besonders der
Einsatz für die von der Natur Benachteiligten. In die Welt der
Taubstummen, denen ihr Vater einen Großteil seines Lebens
gewidmet hatte, suchte sie sich einzufühlen, und so nahm sie am
Leben der Blinden- und der Taubstummenanstalt andauernd
Anteil (Frey, S. 21 f.). Noch eindrücklicher wirkte ihr Einsatz
für den geistig Benachteiligten, der in der engern Familie lebte,
den Genfer ANTONIN MALLET (Frey, S. 31; Maync, S. 26).
Dieser, einst als geistig Zurückgebliebener vom Großvater in sein
Haus aufgenommen, war nach dessen Tode in der Familie ver-
blieben und mit der Witwe zusammen in die Familie des Schwie-
gersohnes Ferdinand Meyer übergesiedelt. Hier lebte er, ein
friedfertiger, in engen geistigen Bahnen kreisender, aber doch
lese- und schreibtüchtiger Mensch, in freundlicher Geborgenheit, leistete kleine Hilfsdienste in Küche und Haus und mühte
sich mit einfachen Übersetzungen ab. Frau Meyer und ihre Kin-
der ließen ihm gegenüber alle Rücksicht obwalten, die man
einem Benachteiligten gegenüber schuldig ist. Gegen das Ende
seines Lebens, bettlägerig und schwer leidend geworden, ließ
ihm Frau Meyer alle Sorge angedeihen, ja sie opferte, selber
geschwächt, sogar die Nachtruhe, um seine Leiden zu lindern.
Als er unerwartet starb, maß sie sich alle Schuld an seinem
Tode zu. Zugleich war durch das Schwinden einer Obsorge,
die ihr gedrücktes Dasein noch erfüllt hatte, eine Lücke entstanden, die sie nicht mehr auszufüllen vermochte. Die Depression
war damit in ein akutes Stadium getreten. Mit der Schuld am
mißratenen Sohn und am Tode ihres Schützlings belastet, bra-
chen auch die letzten religiösen Stützen. Sie war davon über-
zeugt, daß sie als heillose Sünderin von Gott verlassen sei. Von
Betsy in ihrem depressiven Zustand nach Préfargier, wo der
Sohn zuvor Heilung gefunden hatte, gebracht, schien sie wie
dieser dort wieder aufzuleben. Man gestattete ihr, der Tochter,
die sie am 27. Sept. besuchen wollte, bis zum Dampfschiffsteg
an der Zihl entgegenzugehen. Dort warf sie sich — ein bloßer
Unglücksfall scheint nach den Berichten ausgeschlossen, obwohl
der erste Biograph, Frey, schreibt, sie sei rücklings vom Gelän-
der der Brücke gestürzt, — ins Wasser.

Daß sie für den Sohn nicht zu existieren aufgehört hatte, wird an späterer Stelle zu zeigen sein. Hier sei nur auf die tragische Fortwirkung dieser Depressivität hingewiesen: beim Sohn brach sie nach dessen 27. und 67. Altersjahr aus und blieb mit einer schwachen Regression bis zum Tode wirksam, und daß dessen Tochter, Camilla, nach offensichtlich schizophrenen Depressionen die gleiche Todesart im Zürichsee suchte (1935) wie die Großmutter, dürfte kein Zufall sein.

Die Bedeutung Elisabeth Meyer-Ulrichs für die Entwicklung und die ganze Existenz des Dichters CFM ist noch nicht genügend herausgearbeitet worden. In der Reihe der Dichter-Biographien schwankt ihr Bild zwischen schönfärberischer Aufhöhung und mitfühlendem Bedauern. Auch das Bild, das der Sohn später von ihr entworfen hat, entspricht nicht ihrer tatsächlichen Existenz, ebensowenig das der Tochter Betsy. Dabei waren die Daten, die eine objektive Beurteilung ihres Wesens erlaubt hätten, verhältnismäßig früh schon zugänglich. BETSY suchte jeden Makel von der Mutter fernzuhalten und überging die dunklen Stellen, und dies weniger mit Absicht als aus ihrer eigenen warmen Beziehung zur Mutter heraus. Ihr folgte im wesentlichen ADOLF FREY (1900), wenn auch schon bei ihm der wahre Sachverhalt durchschimmerte, zitiert er doch einen Brief des Salomon Landolt-Biographen DAVID HESS an die Mutter Meyer (vom 25. Nov. 1841, S. 37 f.), der das unglückliche Verhältnis der Witwe zu ihrem Sohn bereits erkennen läßt. Nur wagte FREY aus Rücksicht auf die Familie nicht, das abwegig-krankhafte Verhalten der Mutter kritisch zu beleuchten. So deckt sich sein Bild mit dem der „Erinnerungen" Betsys weitgehend. Noch weniger geht AUGUST LANGMESSER (1905) auf das Wesen der Mutter ein. Viel näher an die wahren Sachverhalte heran führten die beiden Publikationen von ROBERT D'HARCOURT. Dazu stand ihm der gesamte schriftliche Nachlaß zur Verfügung einschließend die aufschlußreichen Briefe Frau Meyers an Sohn und Tochter, die später durch letztwillige Verfügung Camillas verbrannt werden mußten. Durch die sorgfältigen Untersuchungen von CFMs Aufenthalten in Préfargier, Neuchâtel und Lausanne war das Material für ein tieferes Verständnis auch der Mutter Meyer bereitgestellt. Tatsächlich deutet HARRY MAYNC in seiner CFM-Biographie (1925, S. 26) in knappen Worten auf die tragische Mutter-Sohn-Beziehung hin, während z. B. MAX NUSSBERGER (1919) an diesen Fragen ganz vorbeigegangen war. Wesentliches zum Verständnis seiner Entwicklung brachte KARL E. LUSSER: CFM. Das Problem seiner Jugend (1926). Die Verlagerung des Akzentes auf die geistesgeschichtliche und stilkritische Ebene ließ die entwicklungspsychologischen Probleme ohnehin in den Hintergrund treten. Eine neue Sicht *aller* Frauengestalten um CFM erschloß erst LILY HOHENSTEIN (1957); sie hat dabei auch für die Mutter Meyer die richtigen psychologischen Akzente gesetzt. Doch bleibt auch bei ihr die Umwandlung des Mutterbildes, die sich im Dichter vollzog, weitgehend ungeklärt.

2. Jugendzeit und Entwicklungskrise

Im Jahre 1824 waren Ferdinand und Elisabeth Meyer die Ehe eingegangen und am 11. Okt. 1825 wurde ihnen im Stampfenbach auf dem rechten Ufer der Limmat (heute mit Verwaltungs- und Geschäftshäusern überbautes Quartier) ein Sohn geboren und auf den Namen Conrad getauft. Den Vornamen des Vaters hat CFM sich erst 1877 beigefügt, um Verwechslungen mit einem anderen Zürcher Schriftsteller gleichen Namens zu vermeiden (vgl. S. 36, 39). Meyer hat seine Jugendjahre im ›Grünen Seidenhof‹ auf der linken Limmatseite verlebt, wohin die Familie nach einem Zwischenquartier an der Kuttelgasse 1830 umzog. Von Anfang an war er wohl allzu ängstlich umsorgt von Eltern und Großeltern; das Tagebuch der Mutter aus den ersten Ehejahren hält diese Sorgen um die Zukunft ihres Kindes fest. Schon in den Kinderjahren änderte sich, angeblich als Folge einer Kinderkrankheit, der Röteln, sein lebhaftes Wesen. Aus dem aufgeweckten Jungen wurde ein verträumter und zerstreuter Schüler. War es Ausdruck einer ersten neurotischen Störung oder gar eine Art Hebephrenie? Hing die Veränderung mit dem Einbruch einer neuen Person in die Familie, seines Schwesterchens Betsy (1831) zusammen? Conrad erlebte die Rückversetzung auf den zweiten Platz. Es kam aber nicht zu einer aus selbstbehauptendem Trotz erwachsenen Aversion gegen das Schwesterchen, das ihn aus der Mitte verdrängte. Vielmehr entwickelte sich eine zärtliche Beziehung, ein Kinderbündnis, das für beide bis zum Lebensende fortdauerte. Das rettete den Jungen aus der ersten bedrohlichen Situation und gab ihm einen Halt wider die Zurücksetzungen, die sein verträumtes und zurückgezogenes Wesen in der Schule und der Welt der Erwachsenen bewirkte.

Zunächst scheint sich vor allem die Vater-Beziehung gesund und erfreulich entwickelt zu haben. Sie stand unter dem Eindruck der zarten Scheu und einer zunehmenden Ehrfurcht der väterlichen Geisteswelt gegenüber, namentlich als er selber der Schule entgegenwuchs, an der der Vater eine Zeitlang unterrichtete, dem neu gegründeten Gymnasium. Außerdem verbreiteten die Beziehungen des Vaters zu den Professoren der 1833 gegründeten Universität einen Hauch von Größe und fremder Weite über die Wohnung im ‚Grünen Seidenhof‘, in dem, so lange der Vater lebte, eine ungezwungene Heiterkeit und Natürlichkeit waltete. Zu der engeren Bindung an den Vater trugen die frühen Reisen bei, die er in dessen Begleitung in den

Sommerferien unternehmen durfte, die erste, 1836, nach dem Bad Stachelberg im Glarnerland und von dort über den Klausen nach Uri und auf den Rigi. Eindrücklicher blieb dem Jungen die Sommerfahrt des Jahres 1838, auf der er seinen Vater den Walensee hinauf über Ragaz, Chur, Thusis, die Viamala nach Splügen, dann über den gleichnamigen Paß nach Chiavenna und ins Engadin begleitete. Wenn wir bedenken, daß der Dichter in späteren Jahren alle diese Orte wieder aufsuchte, für lange Wochen dort verweilte, den »Jürg Jenatsch«, »Die Richterin« und eine Anzahl Gedichte in Bünden ansiedelte, dann ermessen wir erst, wie nachhaltig diese Eindrücke gewesen sind. Der Vater erschloß dem Jungen auf der letzten Wanderfahrt auch schon den vierdimensionalen Raum: er wies ihm die Orte und die historischen Bauten, die vom Wirken vergangener Geschlechter zeugten. Das Zeiterlebnis und die Vision der Geschichte stehen von nun an im Zentrum seines Wesens.

Die überlieferten Daten sprechen dafür, daß sich nach dem Tode Ferdinand Meyers die ganze Lebensstimmung grundlegend veränderte. Die Frau notierte im Haushaltungsbuch das eine Wort: „Todesstoß". Für den Sohn begann die dunkelste Zeit seines Lebens. Denn nun zerbrach die bis dahin aufrechterhaltene Fassadenwelt eines heiteren Lebens. Ein frommer Rigorismus und eine Unverträglichkeit jedem anderen Verhalten gegenüber nahmen in der Mutter überhand, von der Tochter duldsam hingenommen, vom Sohn aber mit Widerspruch beantwortet. Die Demütigung, ja Selbstzerknirschung, welche die Mutter forderte, konnte der erst zum Bewußtsein seiner selbst erwachsende Sohn nicht leisten. Gefährliche Spannungen bestehen schon in diesen Jahren zwischen Mutter und Sohn. Vor ihrer Unverträglichkeit weicht er in freigewählte Einsamkeit. Selbst von schüchternem Wesen und durch eine Liebe, die sich Schritt für Schritt zu einer Art Haßliebe wandelt, an die Mutter gebunden, wagt er den natürlichen Sprung in die größere Gesellschaft nicht mehr. Freundschaftliche Beziehungen wie die zu seinem Altersgenossen Conrad Nüscheler, der Dienste in der österreichischen Armee annahm und zum Generalmajor aufstieg, versickern. Eine natürliche Beziehung zum weiblichen Geschlecht wird durch unüberwindliche Scheu verhindert.

Dies führt im Frühling 1843 zu einer ersten Bildungskrisis. Der Sohn kommt in der Gymnasialklasse, der er angehört und in der eine burschikose Renommisterei überhand genommen hat, nicht mehr recht voran, und die Mutter befürchtet, daß der Trotz ihres Sohnes im etwas plebejischen Schul-Milieu noch geschürt werde. Sie greift eine Beziehung mit dem Lausanner Freund ihres Mannes, LOUIS VUILLEMIN, wieder auf und kann diesen dazu bewegen, sich des Sohnes anzunehmen. So entfernt sie ihn aus der Schule — ein Jahr vor der Maturitätsprüfung — und bringt ihn an den Ort, wo sie selbst glückliche Jugendjahre verbracht hat. Indem sie ihn dem Milieu entzieht, um ihn von bösen Einflüssen einer Schulklasse fernzuhalten, befreit sie ihn zugleich aus dem engmaschigen Fangnetz ihrer Beaufsichtigung. Der Erfolg dieses Befreiungsaktes bleibt nicht aus: Conrad lebt auf und fühlt sich in der Nähe des feingebildeten L. Vuillemin sehr bald heimisch und entspannt. Er gibt sich der Lektüre französischer Klassiker hin: MOLIÈRE, ALFRED DE MUSSET, schließt mit dem Maler PAUL DESCHWANDEN (HBLS s. v.), der in derselben Pension Petit-Château wohnt, Freundschaft, nimmt teil am romantischen Nationalismus, der von Süden hereinweht, und beginnt im wiedererwachenden Selbstbewußtsein die ersten im Stile der Spätromantik erklingenden Verse zu drechseln (Beispiel bei Frey, S. 41 f.). Daß er sich dabei als „junges Dichterblut" empfindet, ist mehr als eine romantische Phrase, es ist die erste Besinnung auf die Berufung, auf die Dichter-Existenz. Daß sich das langsam aus selbstischem Trotz gesundende Selbstbewußtsein im Glauben an ein kommendes Dichtertum verfängt und hier seine Identität findet, das rettet seine bedrohte Existenz über neue gefährliche Krisen hinweg, auch wenn dieses Dichtertum noch über Jahrzehnte hinweg eine Illusion bleibt.

1844 „ungern nach Zürich zurückgekehrt", wie er es selbst bekennt (Notizen für Reitler 1885), um hier die Vorbereitung zur Maturitätsprüfung voranzutreiben, geriet er, wie zu erwarten, abermals in das Räderwerk der mütterlichen Bevormundung. Die Mutter war dabei immer weniger fähig, die positiven Elemente anzuerkennen, die zu ihrem Sohn gehörten, und sie waren auch jetzt noch oder jetzt erst recht wieder sichtbar geworden. Was sie noch erkannte, das waren die kleinen täglichen Mißerfolge; was sie ständig tadelte, das war der Hochmut und der Mangel an Umfangsformen. Immerhin reichte das in Lausanne wiedergewonnene Selbstbewußtsein aus, nach einer Vorbereitungszeit bei Dekan Benker in Diessenhofen, die Maturität mit gutem Erfolg zu bestehen und sich an der juristischen Fakultät der heimischen Universität einzutragen. CFM scheint nun eine Zeitlang entschlossen zu sein, in die Bahn seines Vaters einzuschwenken. Er war von Prof. J. C. Bluntschli, einem Freund der Familie und Berater der Mutter, dazu ermuntert worden und immatrikulierte sich der Mutter zuliebe.

Aber der Glaube an eigenes Künstlertum hatte in Lausanne zu tiefe Wurzel geschlagen; das juristische Fachstudium sagte ihm in keiner Weise zu. Er nahm zwischenhinein Stunden beim Kunstmaler Schweizer im Künstlergütchen, mußte aber, noch schneller als kurz zuvor sein Landsmann Gottfried Keller, einsehen, daß das Talent nicht ausreichte. Neben umfangreicher Privatlektüre betrieb er seine dichterischen Versuche weiter. Dabei betritt er bereits Pfade, die zu einer wichtigen Entwicklung seines Kunstverstandes hinführen. Denn einer dieser Versuche ist ein „Kunstgedicht" und hat eine Kreuzigungsszene eines unbekannten italienischen Meisters zum Gegenstand. Den Blick dafür hatte ihm wohl Deschwanden in Lausanne geöffnet, der selber den Nazarenern nahestand. Die poetische Bilddeutung wird dabei zu einem äußerst interessanten Test seiner seelischen Situation: „Dein schönes Antlitz leuchtet milde / Auf Deiner Peiniger geängstigt Schweigen." Das geängstigte Schweigen der Peiniger läßt sich unschwer auf den täglichen Anblick der gequälten depressiven Mutter zurückführen. Eine ebenso eklatante Umprägung erfährt das Christusbild selbst: „Und hingezogen zu dem blassen Bilde / Der Leiden, wird mein Herz, das öd' und wilde, / Ein widerspenstig Herz wird Dir zu eigen." Er selber leidet unter seiner Wildheit und Widerspenstigkeit und versucht sich dieses Leidens zu entledigen, indem er sich — im Sinn und Geiste seiner Mutter — an das Exemplum aeternum des Crucifixus hält. Der Zwiespalt des jungen, nach künstlerischer Eigenständigkeit trachtenden Menschen, der sich einer pietistischen Selbstentfremdung widersetzt, ist hier unverkennbar.

Um diese Zeit — wahrscheinlich 1844 — erlebt er den ersten Rückschlag in seinem Dichtertraum: Die Mutter hatte, selber an seinen Künsten zweifelnd, eine Anzahl Gedichte an GUSTAV PFIZER und dessen Gattin Marie, eine Nichte Gustav Schwabs geschickt. Das Antwortschreiben soll sie nach dem Bericht Freys (S. 44 f.) an den Weihnachtsbaum gehängt haben. Aber es enthielt weder Anerkennung noch Aufmunterung, sondern den Rat, von der Poesie abzusehen und sich dem Malerberuf zuzuwenden. Pfizer, selbst eine zweitrangige Begabung, mochte gegenüber dem Unterbreiteten recht haben; aber er erkannte auch nicht das potentielle Dichtertum, das an einzelnen Versen zu erahnen war. Für den Adressaten aber und dessen Mutter war es ein verhängnisvoller Schlag, für diese Bestätigung, für jenen eine durch Jahre fortwirkende Enttäuschung.

Es entsprach wohl der seelischen Unrast, von der die geplagte Frau Meyer umgetrieben wurde, daß sie nach dem Tode des Gatten in ein gegenüberliegendes Haus umzog und schließlich, 1845, nach Stadelhofen übersiedelte, wo die Familie Meyer Mitbesitzerin an einem Häuserkomplex war. Die Wohnungswechsel waren vergebliche Versuche, durch Wechsel der Umgebung der eigenen Verdüsterung, von der Mutter und Sohn ergriffen wurden, zu entgehen.

Um diese Zeit trat Conrad auch in die Jahre ein, wo man an einem jungen Manne in einer arbeitsamen und geschäftstüchtigen Stadt wie Zürich eine sichtbare Leistung oder wenigstens ein klares Zielstreben sehen wollte. Von alldem war nichts zu spüren, bei einer durch Tüchtigkeit und Pflichttreue zu Ansehen gelangten Familie ein besonders bedenklicher Fleck. Gerade dies aber steigerte den Kummer der Mutter noch mehr und verbaute dem Sohn den Weg in die Gesellikeit. Die Angst, für einen Mißratenen angesehen und bedauert zu werden, drängte ihn noch stärker in die Einsamkeit zurück, eine Einsamkeit, der er im geräumigen Gebäude an der Stadelhoferstraße besser als anderswo frönen konnte. Es ist übrigens keinesfalls so, daß die beiden Hauptbeteiligten an der ansteckenden oder besser sich kumulierenden Neurasthenie (wie d'Harcourt die Krankheit in Anlehnung an die Diagnose Borrels nennt) die Einsicht in ihre Lage verloren hätten. Elisabeth Meyer diagnostizierte die beginnende Neurose mit einer erstaunlichen Präzision und erkannte auch, daß sie diejenige war, die dem Sohn am meisten schadete. Das Tragische liegt darin, daß sie ihre eigene verderbliche, die Krankheit des Sohnes auslösende krankhafte Entwicklung nicht erkennt.

Aber nicht nur die engere familiäre Situation, sondern auch die politische Konstellation und die Wandlungen jener Zeit leisteten der verhängnisvollen Entwicklung Meyers zur Neurose Vorschub. Der Geist des aristokratisch dirigierten Republikanismus, die Errungenschaft des Liberalisierungsprozesses nach der Restauration, war in Zürich im Schwinden begriffen und wurde seit 1830 durch die Demokratisierungstendenzen des Radikalismus abgelöst. Dieser Demokratisierungsprozeß war zugleich ein scharf profilierter Säkularisationsprozeß und vielfältig verbunden mit offenem Bruch mit der Vergangenheit. In der Stadt Zürich fielen in diesen Jahrzehnten die alten Ringmauern, Tore und Türme; der fromme philanthropische Sinn, der sich in der Zeit J. C. Lavaters mit dem zwinglianischen Protestantismus amalgamiert hatte und der den Geist des Hauses Meyer erfüllte, wich einem nüchternen unternehmungsfreudigen Geschäftssinn. Wohl hatte sich CFM vom Geist der nationalen Einigungsbestrebungen begeistern lassen — der Geist der italienischen Carbonari hatte über den See her nach Lausanne geweht —, und in Stadelhofen weilte während der Revolutionswirren des Jahres 1848 als politischer Flüchtling der toscanische Baron Bettino Ricasoli. Aber er vertrat einen feudalistisch gefärbten, autoritären Liberalismus. Dieser hatte auch noch den Geist des Vaters geprägt. Die überhandnehmenden radikalistischen Stürme und die Emanzipation der Massen entsprachen dagegen Conrads Sinn für verfeinerte Kultur, für zarte Distanz nicht. Er fühlte sich davon abgestoßen. So gingen die bedeutenden Ereignisse des Jahres 1847/48, der Sonderbundskrieg und die Umwandlung des schweizerischen Staatenbundes in einen Bundesstaat, beinahe unbemerkt und jedenfalls spurlos an ihm vorüber. Er wurde von den persönlichsten Problemen seines tiefen Zerwürfnisses mit der Mutter und seines Versagens vor der bürgerlichen Öffentlichkeit so sehr in Anspruch genommen, daß er jene Ereignisse, die damals die denkenden Bürger in Atem hielten und Gottfried Keller begeisterten, kaum zur Kenntnis nahm. Der Zerfall des natürlichen Rapports mit der Umwelt und der gefährliche Autismus, Kennzeichen einer psychogenen neurotischen Depression, wurden immer deutlicher sichtbar. Wohl scheint er sich in dieser Zeit — zu Anfang der fünfziger Jahre, während er sich bereits dem Ende seines dritten Lebensjahrzehntes näherte, — in eine vielfältige Lektüre vertieft zu haben; aber er war ohne äußeres Ziel, trieb seine Studien ohne Planung und verlor sich in einem romantischen Subjektivismus, der sich in der schwelgerisch-phantastischen Sprache der Spätromantiker Nikolaus Lenau, Grabbe und in die Phantastik Jean Pauls verlor. Der romantische Subjektivismus gab ihm die Möglichkeit, in eigenen Künstlerträumen zu schwelgen.

Noch besaß er eine Partnerin, die bereit war, ihn auf seinen einsamen Fahrten durch die Traumwelt der Romantiker zu begleiten: BETSY, und noch war eben diese Auseinandersetzung mit den poetischen Werken möglich, das heißt, in diesen zwei Richtungen war der Autismus noch nicht vollständig und die Objektivierung eigenen Seins durch die Identifikation mit anderen Geistern durch die Sprache möglich; die Künstlerträume und die teilnehmende wesensverwandte Partnerin verhinderten den endgültigen Zusammenbruch. Betsy war es, die seinen Sturz auffing, als er im erlauschten Gespräch erspürt hatte, daß ihn die Mutter aufgegeben und sein Leben und Sterben Gott empfohlen hatte (vgl. S. 15 f.). Sie vermochte in ihm wenigstens das Vertrauen zu erhalten, daß er ihrer Liebe ungeschmälert teilhaftig sei. CFM litt selbst an der Ziellosigkeit seines Tuns, ja, das Wissen um diese Ziellosigkeit scheint nach seinem Bekenntnis in der »Autobiographischen Skizze« (II) mit ein Grund zu seiner Verzweiflung, das heißt, zum Ausbruch seiner Neurose gewesen zu sein.

Als Versuche, aus einer bedrohlichen Umklammerung auszubrechen, sind Meyers Fußtouren in den Hochalpen und seine Begeisterung für das Rudern und den Schwimmsport anzusehen. In früheren Jahren hatte er sich auch im Reiten und auf dem Fechtboden geübt und war ein begeisterter Schlittschuhläufer gewesen. Was aber auch dieser sportlichen Betätigung eine pathologische Note gab, das waren die extravaganten Formen, unter denen er sie übte: Zu Berg ging er immer allein, mit knapper, oft unzulänglicher Ausrüstung, und kehrte jeweils mit zerrissenen Kleidern („in Fetzen" wie die Schwester festhält) zurück. Es ist nicht ausgeschlossen, daß er dabei auf gefährlichen Pfaden über Eis und Schnee mit dem Tode spielte. Noch beängstigender wirkte sein hochsommerlicher Schwimmsport zu nächtlicher Stunde, wobei er ein Boot zu besteigen und in die Seemitte hinauszurudern pflegte, um vom Boot aus ins Wasser zu springen. Da er nicht selten mit dumpfen Andeutungen das Haus verließ, versetzte er Mutter und Schwester mit solchen Eskapaden in Todesängste. Mit Zittern warteten sie auf seine Rückkehr. Bei Tage pflegte er nicht mehr auszugehen. Er schloß die Läden seines Zimmers und vergrub sich hinter seine Bücher, gewährte niemandem Zutritt und versäumte bisweilen sogar die Essenszeiten.

Aber CFMs Krankheit hat nicht nur eine milieubedingte, sondern auch eine geistesgeschichtliche Ursache. Wir haben bereits auf Zusammenhänge zwischen Meyers Künstlerillusionen und den subjektivistischen Phantasien der Romantik hingewiesen. Das Beharren in romantischen Kunstanschauungen war in Meyers Jugendjahren durchaus noch legitim. Aber nach Heines Spätstil, nach den Jungdeutschen und nach dem Durchbruch des poetischen Realismus wurde solches Denken mehr und mehr zum Anachronismus. Für Meyer ereignete sich die erste und entscheidende Konfrontation mit der neuen Kunst und mit neuen ästhetischen Anschauungen bei der Lektüre von FRIEDRICH THEODOR VISCHERS »Kritischen Gängen«. Vischers Forderung nach Verankerung der Dichtung in der Realität, seine Ablehnung uferloser Phantastik zerstörte Meyers dichterische

Illusionen. Er mußte sich sagen, daß ihn sein Streben bis dahin in die Irre geführt habe. Seine Flucht aus der Gegenwart hatte ihn auch den poetischen Bemühungen der Gegenwart gegenüber blind gemacht; er hatte vom neuen Engagement der Poesie mit der Wirklichkeit keine oder zu wenig Kenntnis genommen.

Der Schock, den ihm die Lektüre der »Kritischen Gänge« bereitete, war notwendig. Er hätte wohl auch für sich allein den Ausbruch einer akuten Neurose nicht verursacht. Der fast gänzliche Verfall mitmenschlicher Beziehungen, aus der Tatsache erwachsend, daß die Mutter ihn als vernünftigen und mitzählenden Menschen aufgegeben, wog schwerer. Es kamen entsprechende Halluzinationen hinzu; die übertriebene Reinlichkeitssucht, schon im Kindesalter angelegt, verband sich mit der Zwangsvorstellung, die Menschen würden deshalb vor ihm die Flucht ergreifen, weil er zum Munde heraus stinke. Tatsächlich litt er häufig an Zahngeschwüren. Sein Dasein hinter Klostermauern — ein Leitmotiv seiner späteren Dichtung — wurde zu einer totalen Menschenflucht. Im Juli 1852, in der Sommerhitze, führte eine Erkältung, die er sich beim nächtlichen Schwimmen geholt hatte, zu Ohnmachtsanfällen und zu einer Steigerung der Depressivität. Auch die Äußerungen von Lebensüberdruß scheinen sich verstärkt zu haben. Die ratlose Mutter ließ sich durch Genfer Freunde dazu bewegen, mit dem apathisch und willenlos gewordenen Sohn die Irrenanstalt *Préfargier* am Nordufer des Neuenburgersees aufzusuchen, die damals in der Person von Dr. JAMES BORREL eine neue Leitung erhalten hatte. Zwar erlaubt der Ausspruch, den Conrad beim Anblick des Gittertors getan haben soll: „Ich glaube, ich bin gesund", nicht ohne weiteres eine günstige Prognose; es könnte ebensowohl Ausdruck von Abwehr und Angst sein. Jedenfalls führte dieser Aufenthalt schon nach wenigen Wochen einen seelischen Zustand herbei, der vom Arzt als vollständige Heilung interpretiert werden durfte. Conrad gewann sein Selbstvertrauen wieder und eine für ihn erstaunliche Entschlußkraft. Ein Brief an die Mutter (in dHCFM, S. 58 f., in Übersetzung wiedergegeben), zeigt zwei klare Ziele: Er will fortan sein Brot selbst verdienen und hierüber keine Vorwürfe mehr hören, er will vorläufig in der welschen Schweiz oder noch eher in Frankreich leben. Zwei bis drei Jahre will er dem Studium der Sprachen widmen und seine persönlichen Ziele (d. h. seine poetischen Intentionen) vorläufig an den Nagel hängen. Der Ausbruch aus dem Autismus und die Erkenntnis von der heilsamen Wirkung der Distanz von der Mutter sind unverkennbar. Ebenso klar läßt sich aus dem Heilungsverlauf erkennen, daß es sich um eine psychogene, nicht um eine organische Störung gehandelt haben muß.

Diese Erkenntnis scheint sich bei Dr. James Borrel sofort durchgesetzt zu haben. Conrad wurde von Anfang an nicht unter die Patienten eingereiht, sondern an den Familientisch gezogen. Exploration und Beratung vollzogen sich in freundschaftlicher Atmosphäre. Die Anstalt war von einem entschieden christlichen Geiste getragen; Pflichterfüllung und Dienst am Mitmenschen wurden allem vorangestellt. In dieser Hinsicht war die geistige Haltung dem Hause Meyer in Zürich erstaunlich ähnlich; nur herrschten hier nicht Moralismus und Unduldsamkeit, sondern ein heiteres Ja zum Dasein, eine Nächstenliebe, die eher fraglos geleistet als gefordert wurde. Diese fröhliche Frömmigkeit strahlte wohl von einem Bruder des Direktors, der als Seelsorger in der Anstalt wirkte, aus, aber mehr noch von dessen Schwester CÉCILE BORREL, der Oberschwester. Zu ihr faßte Conrad ein stilles Zutrauen, und sie selbst nahm an ihm so warmen Anteil, daß sich zwischen beiden ein freundschaftlicher Gedankenaustausch, ja sogar eine tiefere Liebesbeziehung anbahnte. Die in dHC und dHCFM erhaltenen Brieffragmente und weiteren Andeutungen lassen keinen Zweifel offen: Cécile nahm weit über die einem Patienten geschuldete Fürsorge an Conrads Schicksal teil, auch nach seiner Entlassung, und bändigte mühsam unter ihrem Pflichtethos die Wallungen ihres Blutes, und Conrad durchbrach die Mauern seiner mönchischen Verschlossenheit, überströmte in Dankbarkeit und hielt mit Bekenntnissen zum schönen Wesen der Briefpartnerin nicht zurück. Gründe für die Dankbarkeit waren übrigens genug vorhanden, hätte doch die Übersiedlung nach Neuenburg in das Haus eines gewissen Professor Godet beinahe einen Rückfall verursacht. GODET war auf die Linie der Mutter eingeschwenkt, hatte den neuen Pensionär mit Vorwürfen überhäuft und ihn wie die Mutter des Hochmuts und des Egoismus geziehen und ihm damit das Arbeitsklima vergällt. Conrad hatte, wohl noch in Préfargier, das er im Januar 1853 verließ, den Plan gefaßt, seine sprachlich-literarische Ausbildung, zu der er sich entschlossen hatte, in Paris fortzusetzen. Als er die Mutter davon in Kenntnis setzte, geriet sie in größte Aufregung und, da Conrad sich mit guten Gründen weigerte, nach Zürich zurückzukehren, verabredete sie mit ihm einen Treffpunkt in Bern, wohin Betsy sie begleitete. Es gelang der Mutter, den

Sohn von seinen, wie ihr schien, hochfliegenden Plänen abzubringen. Aber die Begegnung war eine schwere Enttäuschung. Sie hatte einen vollkommen in ihrem Sinn gewandelten Sohn erwartet und stellte nun fest, daß er so herrisch wie je und noch weit entfernt von einer Heilung sei. Conrad entfloh im März 1853 dem unerfreulichen Neuenburger Milieu und begab sich nach *Lausanne*, wo er wieder in der Nähe Louis Vuillemins Wohnung nahm.

Neben der Liebe zu Cécile Borrel, deren Bedeutung für den Dichter Conrad Ferdinand Meyer noch längst nicht genügend gewürdigt worden ist, steht der Einsatz LOUIS VUILLEMINS für seinen jungen Freund und Schützling. Er war es, der in die Tat umzusetzen versuchte, was sich für Conrad als wichtigster Heilungsfaktor herauskristallisiert hatte: den jungen Mann in die Welt, die er geflohen hatte, zurückzuversetzen, ihn mit einer sinnvollen Aufgabe auszustatten. Während der Zeit dieses zweiten Aufenthaltes in Lausanne ist Vuillemin sein erfolgreicher Mentor. Er sorgt dafür, daß Conrad der Geschichtsunterricht im Blindeninstitut Hirzel in Lausanne übertragen wird, er verschafft ihm vom Autor selbst die Erlaubnis zur Übersetzung von Augustin Thierrys »Récits des temps Mérovingiens«. Er suggeriert ihm den Plan, sich um eine Lehrstelle für Französisch in Deutschland zu bemühen und ermuntert ihn, sich um eine solche in Winterthur zu bewerben. Und endlich ernennt ihn auf sein Verwenden hin der Zürcher Historiker GEORG VON WYSS, der Präsident der ›Allgemeinen geschichtsforschenden Gesellschaft der Schweiz‹, auf das Jahr 1855 zu deren Sekretär. Und wenn er eine Zeitlang mit der Absicht umgeht, sich an der Zürcher Universität für das Gebiet der französischen Sprache und Literatur zu habilitieren, so wirkt wohl auch hier die aufmunternde, das Selbstbewußtsein stärkende Kraft des Lausanner Historikers. Gewiß, die vielseitige Geschäftigkeit dieser Jahre schloß eine Gefahr mit ein: die Verzettelung der Kräfte. Aber sie führte, was auf dieser Stufe seiner Entwicklung wichtiger war, den jungen Mann vollends aus seinem Autismus und aus seiner depressiven Untätigkeit heraus. Das Vertrauen, das er Cécile Borrel und Louis Vuillemin entgegenbrachte, enthob ihn der drohenden großen Gefahr, wieder ausschließlich in die Fänge der Mutter zu geraten, deren fromme Skrupel und ans Bösartige grenzende tyrannische Kleinlichkeit Conrads Zuversicht immer wieder bedrohte. Daß er zwar seinen ehrgeizigen Dichterplänen Valet gesagt, verschaffte ihr Genugtuung, aber es scheint auch, daß sie es war, die mit der Liebenswürdigkeit, mit der sie ihre mütterliche Eifersucht zu tarnen wußte, die zarten Beziehungen zwischen ihrem Sohn und Cécile Borrel unterbunden hat. Daß sie mit diplomatischem Geschick einen Besuch Céciles in Zürich zu vereiteln wußte, mußte für diese ein Wink mit dem Zaunpfahl sein (Br. Frau Meyers an Cécile Borrel vom 24. 6. 1854 in dHC, S. 242 f.). Daß er, von Lausanne nach Zürich zurückgekehrt, um dort die Sekretärstelle anzutreten und als Berater des Stadtbibliothekars zu fungieren, nun seinen Weg unentwegt ging, ist ein Zeichen bleibender Genesung. Für die Mutter aber war gerade dies, der Wiedergewinn des gesunden Selbstbewußtseins, der Anlaß zu tieferem Absinken in ihre Depressionen. Die Erkenntnis, die ihr aufdämmerte, sie könnte allein die Ursache am jahrelangen Versagen ihres Sohnes gewesen sein, trieb sie in Skrupel hinein, aus denen sie sich immer weniger zu lösen vermochte.

Der Sohn aber, am 31. Dez. 1853 nach *Zürich* zurückgekehrt, hatte inzwischen gelernt, jene Rücksicht zu üben, die einem seelisch bedrohten Menschen gegenüber geboten ist. Nun, da sich der Mann CFM in seinem 28. Lebensjahr endlich gefestigt hatte, kam jene ins Wanken, die ihn bis dahin in seiner Entwicklung hin zu sich selbst gehindert hatte. Noch einen einzigen bescheidenen Erfolg und eine Bestätigung seines Könnens, das Erscheinen der Übersetzung von Thierrys »Récits des temps Mérovingiens« und das Eintreffen des vereinbarten Honorars konnte die Mutter miterleben; aber sie war kaum mehr fähig, sich mitzufreuen, ja sie nannte das immerhin 500 Seiten starke Werk eine bescheidene und halb gelungene Leistung.

Zum erbbiologischen Problem vgl. K. VON BEHR-PINNOW: Die Vererbung bei den Dichtern Albert Bitzius, CFM u. G. Keller. In: Archiv der Julius Claus-Stiftung, Bd 10, 1935.

3. Entspannung

Am 28. Sept. 1856 traf die Meldung vom Tode der Mutter bei den Geschwistern Conrad und Betsy in Zürich ein. Wir wissen wenig, wie die bestürzende Nachricht auf beide wirkte, darüber aber sind sich alle Meyer-Biographien einig: Der Tod der Mutter, die ihn über alles geliebt aber nicht verstanden hatte, bedeutete eine *Befreiung*, eine Befreiung auch des Mutterbildes von dunklen Schatten. Freilich blieb im Sohn ein Schuldgefühl zurück, aber mächtiger als dies war die Entspannung und Verklärung, die sich nun anbahnte. Auch die Bindung zwischen den

Geschwistern war nicht mehr von den Ängsten der Mutter überschattet.

Dazu kam — und wir dürfen seine Bedeutung bei einem so fragilen Menschen, wie es CFM war, nicht unterschätzen — eine um dieselbe Zeit erfolgte Befreiung von materiellen Sorgen. ANTONIN MALLET, dessen Sterben Frau Meyer die letzten seelischen Widerstandskräfte genommen hatte, hinterließ sein bedeutendes Vermögen den Kindern derer, die ihn ein Leben lang umsorgt hatten. Die beiden waren fortan — um diese Zeit für künstlerische Menschen ein seltener Glücksfall, ja für eine Künstler-Existenz wie die CFMs eine fast unabdingbare Voraussetzung — *aller materiellen Sorgen enthoben*.

Die Folgen dieses Jahres einer doppelten Befreiung sind denn auch sofort erkennbar. Nun nimmt der inzwischen über dreißig gewordene seine Weiterbildung großzügig und umsichtig in die Hand, und dies, nicht um irgendeinen Brotberuf, wie er ihn in Lausanne ins Auge gefaßt hatte, vorzubereiten, sondern mit dem einen Ziel, ein Dichter zu werden. Bezeichnend genug, daß er zunächst verwirklichte, was er sich von der Mutter in Bern hatte ausreden lassen (s. S. 27 f.). Schon im März des folgenden Jahres (1857) begab sich Meyer nach *Paris*, während die Schwester nach Genf reiste, um dort die angefangenen Kunststudien weiterzuführen. Er gedachte, sich Zeit zu lassen, sich in läßlicher Weise etwelchen Rechtsstudien hinzugeben, nicht um Karriere zu machen, sondern nur um einen bescheidenen Posten einzunehmen, wohl auch um die nötigen Kenntnisse für die Verwaltung seines ansehnlichen Vermögens zu erwerben.

Aber in Paris angekommen, vergißt er seine Vorsätze und läßt sich von der Baukunst und den Schätzen der Museen faszinieren. Er entdeckt die in der Nähe seiner Wohnung im Panthéon gelegene Bibliothèque Sainte Geneviève, wo er mehrere Stunden des Tages sich ausgebreiteter Lektüre hingibt. Am Anfang ist er beglückt von der Großstadt; denn die Unbekümmertheit, mit der die Menschen dahinleben, und die Großzügigkeit des Lebens wirkten nach dem mitleidigen Bedauern, das man in der Heimatstadt für ihn übrig hatte, entspannend. Seiner Schwester schreibt er mehrmals pro Woche, während ihn die Pariser Gesellschaft kalt läßt. An den Pariserinnen rügt er ihre Fühllosigkeit und Berechnung. Er fühlt sich heimischer in der geschichtsträchtigen Rive gauche als auf der von geschäftiger Hast durchpulsten Rive droite. Sein kritischer Sinn nimmt von Woche zu Woche zu. Im Louvre sagen ihm die alten italienischen Meister und die Madonna des Murillo mehr zu als die

Franzosen, unter denen schließlich nur noch Poussin und Ingres bestehen. Den auf zwei Jahre geplanten Aufenthalt in Paris bricht er abrupt am 30. Juni 1857 ab. Nach etwas mehr als dreimonatigem Aufenthalt kehrt er nach *Zürich* zurück. Es war eine Bildungsreise, reich an Eindrücken, mit Blicken in die französische Geistesgeschichte. Aber er schlug keine Wurzeln und blieb ein Fremder ohne persönliche Beziehungen. Gegen das Ende bekennt er seiner Schwester mit zärtlichen Worten, wie er sie liebe und sich nach ihr sehne. Ein Wiedersehen mit ihr wird ihm zum köstlichsten Ziel. Die juristischen Studien will er auf den darauffolgenden Winter, den er in Berlin verbringen möchte, verschieben.

In Zürich, wo sich beide wieder treffen, verändert sich die Umgebung: sie beziehen eine kleinere Wohnung an der Stadelhoferstraße; ein Absteigequartier soll es sein. Aber statt in die preußische Hauptstadt reist er im Herbst für einige wenige Wochen mit einem Verwandten nach *München*. Auch hier ist es die Königliche Residenz und die Museen, die ihn in Anspruch nehmen. Aber indem er die Vergangenheit sucht und die Gegenwart nur als notwendiges Übel hinnimmt, vermißt er hier im Gegensatz zu Paris die bedeutende historische Dimension. Im Vergleich zur französischen Hauptstadt kommt ihm München wie ein Kinderspiel vor.

Tiefer als diese Bildungsreise wirkte der Sommeraufenthalt in *Engelberg*. Die Wochen am Fuße des Titlis genügten, um den Grund zu einem der eigenartigsten Werke Meyers, zum Gedicht »Engelberg« zu legen.

Nach einem Winter der inneren Sammlung, den die beiden Geschwister in Zürich verlebten, entschlossen sie sich zu einer gemeinsamen *Italienreise.* Conrads historische und kunstgeschichtliche Studien und seine Begegnung mit den ersten bedeutenden Publikationen Jacob Burckhardts hatten dazu den geistigen Grund gelegt und das Verlangen nach der Erweiterung des Horizontes in den europäischen Süden unbändig werden lassen. Der rasch gefaßte Entschluß ist in erster Linie ein Zeichen der seelisch-geistigen Konsolidierung, die Meyer erreicht hatte, und daran war wohl auch der rege geistige Kontakt schuld mit der Zürcher Philanthropin Mathilde Escher (1808—1882, vgl. HBLS s. v.), einer geistvollen, weltgewandten und männlich-energischen Frau, bei der die Geschwister häufig zu Gaste waren und zu der Conrad eine Beziehung wie zu einer zweiten Mutter gewann.

Die Geschwister Meyer reisten am 17. März von Zürich ab,

fuhren über Lausanne nach Marseille, schifften sich hier ein und erreichten Ende März oder anfangs April Civitavecchia, von wo sie zu Wagen nach der Ewigen Stadt fuhren. Liest man den ersten, an Friedrich von Wyss, seinen Jugendfreund, geschriebenen Brief (Br. I, S. 55—58), so gewinnt man den bestimmten Eindruck, Conrad steuere nun nach Art von Manisch-depressiven einer ausgesprochenen Hochstimmung entgegen. Bezeichnend, daß ihn die Umständlichkeiten des Zolls am Eingang zum Kirchenstaat und die ersten Zechprellereien kaum berühren und daß ihn *Rom* in seiner Gesamtheit, die Bauten und die Menschen, die Vergangenheit und die Gegenwart, in gleicher Weise gefangen nehmen. Er trägt seine Hochstimmung in die Welt hinaus, spricht er doch von der „leicht zu atmenden, leichtsinnigen Luft". Vom Petersdom sagt er, er sei „ungemein heiter und gefällig", von den Kolonnaden des Bernini, sie seien „unendlich freundlich und geräumig und gastlich". Vom Ganzen der Piazza San Pietro meint er, daß sie „etwas Einschmeichelndes und Verständliches" hätte und unendlich „volkstümlich" sei. Noch bezeichnender, wie er sich über die Römer ausdrückt: „... aber wenn ich mich ärgern will, so muß ich lachen". Die Euphorie, sei sie nun endogen oder exogen, hält durch die ganze Zeit des Romaufenthaltes an. Während sich Betsy mehr an die Schätze der Malerei hält, stehen für Conrad die Architektur der Renaissance und des Barock und die griechisch-römische Portaitkunst im Vordergrund. Aber diese Eindrücke werden alle überstrahlt von denen um die Schöpfungen Michelangelos. Hier in Rom und später in Florenz sucht er alles auf, was unter dem Namen MICHELANGELO BUONAROTTI geht. Noch ist er zwar nicht imstande, der gewaltigen Eindrücke, die auf ihn einstürmen, Herr zu werden. Aber die erhaltenen Zeugnisse lassen darüber keinen Zweifel, daß nun, nachdem ihn zu Anfang der fünfziger Jahre Préfargier und die welsche Schweiz sich selber wiedergegeben haben, der Glaube an sein Dichtertum, den er für lange Zeit begraben hatte, neu und viel mächtiger als zuvor ersteht. Angesichts der Fülle der Kunstwerke nimmt seine Sprache selbst in den Briefen einen heiteren Schwung an. Die Briefe an Friedrich von Wyss enthalten die Spurenelemente poetischer Beschwingtheit. An den Werken der bildenden Kunst, an Michelangelo vor allem, richtet sich der niedergehaltene Glaube an sein Dichtertum auf, vorläufig zwar ohne sichtbare Ergebnisse, aber unverkennbar in seiner ganzen Haltung. Eine Fülle von Plänen und ein neues, viel realistischeres Weltverständnis sind die ersten Früchte.

Damit verbunden ist eine *Wandlung und Weitung der religiösen Welt* spürbar. Der Heilungsprozeß in der welschen Schweiz hatte unter dem Eindruck calvinistischer Frömmigkeit gestanden. Wie die pietistisch gerichtete Frömmigkeit in der eigenen Familie, so war auch die Familie Borrel und Vuillemin auf Welt-Flucht, caritatives Opfer und Askese ausgerichtet. Das Ja zur Welt und die fröhliche Gläubigkeit, die ihn aufgerichtet und aus der Dumpfheit gelöst hatten, behielt einen von Pascal angeregten, abstrakt-rationalistischen Zug und schloß das Emotionale und die vitale Triebwelt nicht mit ein. Diese blieb vielmehr den strengen sittlichen Forderungen christlicher Askese ausgesetzt. Bezeichnend genug, daß das Geschwisterpaar dem lutheranischen Gottesdienst in der preußischen Gesandtschaftskapelle beizuwohnen pflegte. Daneben aber freut Meyer sich am bunten Farbengepränge, das an der Porta Pia aufleuchtet, wenn die Würdenträger der katholischen Kirche in den Abendstunden ihre bunte Pracht entfalten. Und am Anblick San Pietros und der anderen Basiliken Roms dämmert ihm die neue, andere Art römischer Frömmigkeit auf. Die Bildfreudigkeit und die Lust am Gepränge, verbunden mit frommen Begehungen, ob denen er eine spontane Freude empfindet, versetzen ihn in Unruhe. Er vermag seinen asketischen Protestantismus nur mit Mühe wider die sinnenfreudige Frömmigkeit des römischen Katholizismus hochzuhalten. Die beiden Welten stehen unvereinbar nebeneinander; aber gerade in diesem Zwiespalt erobert sich allmählich der bildfreudige Künstler sein Lebensrecht zurück. Und was die Mutter „mit Büßerhast und Ungeduld" (W 1, S. 79) zerstört hatte, beginnt sich nun zu entfalten, die ästhetische Welt tritt an den Platz der ethischen, und dabei gewinnt das realistische Element an Stelle des spätromantischen Nazarenertums die Oberhand.

Mitte Mai verließen die Geschwister Rom, um über Siena das Schloß ihres Gastfreundes Bettino Ricasoli zu erreichen (vgl. S. 24). Der Feudalherr über große, fruchtbare Gebiete der Toscana und Exponent des liberal gerichteten italienischen Nationalismus, der das Land unter dem Hause Savoyen zu einigen trachtete, empfing sie zuerst auf Schloß Brolio, dann in seinem Palazzo in *Florenz.* Die zugleich weltmännische und seigneuriale Grandezza und die unbegrenzte Einsatzfreude für sein politisches Ziel beeindruckten die Gäste aus dem Norden gewaltig. Hier vor allem gewann Meyer den Sinn für die große Gebärde und das Verständnis für die Proportionen eines fürstlich-repräsentativen Daseins und für die echten Werte aristokratischer Lebensformen. Daß sie ihre Heimfahrt in die Schweiz über Livorno—Genua noch nach der Geburtsstadt des italienischen Nationalismus, nach Turin, führte, zeigt CFMs mächtiges Interesse, das er nun an den bedeutenden politischen Strömungen seiner Zeit nahm.

Die Italienreise des Jahres 1858 war zweifellos Meyers stärkstes und nachhaltigstes Reiseerlebnis. Zahlreich sind die Motive, die als unauslöschliche Eindrücke in seinem Gedächtnis haften blieben und später zu bedeutenden schöpferischen Leistungen auswuchsen. Ja, wir dürfen noch weiter gehen: Die Romreise bedeutete nichts weniger als das Tor zum Dichtertum. Ohne sie und den Aufschwung, den seine Seele in jenen Monaten nahm, wäre er nicht in solchem Maße zu schöpferischem Tun frei geworden. Es war bereits ein mitschaffendes, gestalterisches Sehen, das er sich in den zahlreichen Begegnungen mit der Kunst und Architektur Italiens angewöhnt hatte.

Noch mühte er sich, Ende Juni 1858 nach *Zürich* zurückgekehrt, um eine angemessene bürgerliche Tätigkeit. Den Plan, zusammen mit dem in Zürich lehrenden Waadtländer Alfred Rochat (HBLS S. v) Theodor Mommsens »Römische Geschichte« ins Französische zu übersetzen, den er ein Jahr zuvor aufgenommen hatte, scheint er zwar fallen gelassen zu haben. Aber nun faßt er (1860) eine Arbeit über das Verhältnis von Goethe zu J. C. Lavater ins Auge. Er beschafft sich die nötige Literatur und scheint auch schon mit einem entsprechenden Entwurf beschäftigt zu sein; aber bald darauf (8. Dez. 1860; Br. I. S. 122) schreibt er an seinen Freund Felix Bovet in Neuchâtel: „J'aimerais mieux composer que biographier". Offenbar steht die dichterische Einbildungskraft einer wissenschaftlich-objektiven Darstellung im Wege: „Les idées m'affluent de tout côté". Tatsächlich hat er um diese Zeit bereits ein dichterisches Wagnis unternommen und eine Gedichtsammlung, die offenbar in der Zwischenzeit seit der Romreise entstanden ist, dem Verleger J. J. Weber in Leipzig als »Bilder und Balladen von Ulrich Meister« angeboten (Nov. 1860). Dieser aber antwortet bereits anfangs Dezember, daß er den Verlag nicht übernehme, erklärt sich aber dazu bereit, die kleine Sammlung weiter zu empfehlen. Daß diese Ablehnung, obwohl er erklärte, auf eine solche gefaßt gewesen zu sein, nicht spurlos an CFM vorübergegangen ist, läßt sein plötzlicher Entschluß vermuten, sich wieder an den *Genfersee* zu begeben; er sagte sich wohl, daß er dort die Enttäuschung leichter überwinden werde als in Zürich. Entscheidender noch ist die Tatsache, daß er sich nicht mehr ganz entmutigen läßt, sondern freiwillig die befreiende Welt am Genfersee aufsucht und daß er noch einmal einen kräftigen Anlauf nimmt zu einem Amt, das seinen Anlagen und Kenntnissen entsprechen würde. Er gedenkt in Lausanne seine Sprach- und Literaturkenntnisse soweit zu vertiefen, bis er sich an der Frei-Abteilung des Polytechnikums in Zürich habilitieren könnte. Bezeichnend für die fortdauernde Unsicherheit aber ist das nächste Ziel, das er in *Lausanne* angeht: Er möchte eine Arbeit über den Apostel Paulus schreiben und vertieft sich zu diesem Zweck eine Zeitlang mit Begeisterung in den Urtext der paulinischen Briefe — um auch dieses Unterfangen nach etlichen Wochen wieder fallen zu lassen. Größere Bestärkung findet er in den persönlichen Bekanntschaften, die er im Hotel Gibbon in Lausanne schließt, u. a. mit dem alten Fürsten Pückler-Muskau, der sich als türkischer Pascha aufspielte. In vielfältigem und anregendem geistigen Verkehr vertieft sich seine innere Ruhe. In Erholungstagen auf der Engstligenalp in der Nähe des Jochpasses über Meiringen zeigt sich eine neue Aufgeschlossenheit: Er entdeckt die kleinen Wunder der Natur und freundet sich an, bald mit einfachen Hirten, bald mit angesehenen Persönlichkeiten. Die Kontaktarmut, unter der er jahrelang gelitten, scheint verschwunden zu sein. Ausgeglichener als je kehrt er Anfang Januar 1861 von Lausanne nach *Zürich* zurück.

An der neu gewonnenen inneren Ruhe, die sich von nun an über 30 Jahre hin kaum mehr beirren läßt, tragen sicher nicht die auf halbem Wege stehen gebliebenen Arbeiten an Paulus oder Lavater die Schuld, sondern ein Stoß von Gedichten, an deren Qualität er der abweisenden Haltung des Leipziger Verlegers zum Trotz zu glauben wagt. Dabei hat er eine Partnerin die seinen Glauben unentwegt teilt: BETSY. Und Betsy Meyer glaubt an den Bruder, weil sie aus ihrem eigenen Künstlertum heraus die künstlerische Potenz ihres Bruders erspürt. An den schmalen und geringfügigen Leistungen des Anfängers erkennt sie den kommenden Meister. Durch Entmutigungen läßt sie sich nicht mehr abschrecken. Im Frühjahr 1861 hatte Conrad 20 Gedichte — die meisten von ihnen Balladen — an das Stuttgarter ›Morgenblatt‹ geschickt und sie am 25. Juni mit einer aalglatten Absage zurückerhalten. Dies genügte zwar, um ihm für zwei weitere Jahre zu einem ähnlichen Unternehmen den Mut zu rauben. Aber im Frühjahr 1863 packte Betsy das

Bündel seiner Gedichte in ihren Koffer und reiste nach Stuttgart, um sich im Hause GUSTAV PFIZERS Klarheit über ihres Bruders Aussichten zu verschaffen. Daß sie es wagte, am Hause Pfizers anzuklopfen, obschon von hier aus 19 Jahre früher der niederschmetternde Rat gekommen war, Conrad möchte fortan von poetischen Versuchen absehen, läßt Betsys Glauben an die kommende Meisterschaft erkennen. Gustav Pfizer hielt sich diesmal eher zurück, und Frau Marie Pfizer ließ, obschon sie viel an der Sprache des Schweizers auszusetzen hatte und ihn unverhohlen unter die zweitrangigen Talente einstufte, doch manches als tüchtige Leistung gelten. Das entschiedene Nein wie an den neunzehnjährigen Jüngling ersparte sie der Anwältin ihres Bruders, die sich in ihrem Urteil auch nicht mehr beirren ließ, sondern vom Hause Pfizer stracks in die Verlagsbuchhandlung METZLER ging. Sie verließ Stuttgart nicht, ehe sie den Entwurf zu einem Verlagsvertrag eingehandelt hatte. Freilich war auch der Metzlersche Verlag nicht bereit, ein Risiko einzugehen, sondern forderte einen Autorenbeitrag von 380—400 Franken und eine nochmalige gründliche Überarbeitung des Angebotenen. Aber Betsy wußte, daß ein Durchbruch in die Öffentlichkeit nötig war, wenn ihr Bruder aus der tastenden Unsicherheit herauskommen sollte. Aber auch so blieb der Dichter auf halbem Wege stehen; unter dem Vorwand einer möglichen Verwechslung mit einem Conrad Meyer, der durch poetische Elaborate — auch Dramen — an die Öffentlichkeit getreten war, verzichtete er auf die Nennung seines Namens. In Wirklichkeit war es die Angst vor neuen öffentlichen Kränkungen, die ihn die Autorschaft verschweigen ließ. Wohl mehr um damit die sprachlichen Holprigkeiten zu entschuldigen, riet ihm Pfizer zu der Formulierung »Zwanzig Balladen von einem Schweizer«. Unter diesem Titel erschien das Bändchen endlich im Jahre 1864.

4. Erwachendes Dichtertum

Drei Faktoren hatten die öffentliche Geburtsstunde eines spät und mühsam reifenden Poeten ermöglicht: der Einsatz der Schwester, die günstige Vermögenslage der Familie und ein gut beratener Verleger.

Daß die anonyme Veröffentlichung eines Poeten kein Echo finden würde, war kaum verwunderlich. Aber schon die freundliche Reaktion seiner Freunde und der Achtungserfolg vor der Öffentlichkeit seiner Vaterstadt, der darin bestand, daß an die

Stelle mitleidigen Duldens ein gewisses Staunen trat über eine Leistung, auf die man nicht gefaßt war, schon dies genügte, dem Glauben an eine poetische Sendung Auftrieb zu geben und nunmehr unentwegter als je auf der eingeschlagenen Bahn zu bleiben. Conrad schob die tastenden Versuche, sich eine amtliche Würde zu erringen oder eine wissenschaftliche Laufbahn anzutreten, beiseite und richtete sich auf das eine Ziel ein, ein Dichter zu werden. Nicht daß er nun von einem furor scribendi erfaßt worden wäre; er blieb vielmehr seiner Gewohnheit treu, sich in der Geschichte und Literatur der germanischen und romanischen Welt umzutun; aber nun war seine Bemühung nicht mehr ziellos oder auf diffuse Ziele gerichtet, sondern auf die eine Mitte der dichterischen Existenz zentriert.

Diese eindeutige Ausrichtung auf das dichterische Werk, wie sie in der Mitte der sechziger Jahre, das heißt mit dem 40. Lebensjahr verwirklicht und bis zum Ausbruch der Alterskrankheit bestehen blieb, ist innerhalb der schweizerischen Geistesgeschichte ein einzigartiges Phänomen. Erst auf diese Weise ist es möglich geworden, daß der von Depressionen bedrohte Mensch, ein Mensch von geringer Vitalität und ursprünglich nur mäßigen sprachlichen Gaben, das Ungewöhnliche zu leisten vermochte. Von diesem Zeitpunkt an decken sich dichterische und menschliche Existenz beinahe vollständig, das heißt die Perioden des Planens, Schaffens und Ausfeilens und die Perioden der Regression und der Entspannung stimmen überein mit Meyers Tages- und Jahreslauf, und der geistige Energiehaushalt wurde aufs sorgfältigste auf die dichterische Produktion abgestimmt. Für größere Werke pflegte er dabei mehrere, für kleinere mindestens ein halbes, gewöhnlich ein ganzes Jahr aufzuwenden. Bezeichnenderweise nannte er gelegentlich die Jahre nach dem Werk, das in ihrem Verlauf entstanden war.

Glücklicherweise blieben nach dem Erscheinen der »Zwanzig Balladen« auch Angriffe und Kränkungen aus. Der Reifungsprozeß und das fortschreitende Schaffen entfalteten sich fortan ohne größere Störungen. Dabei spielte die existenznotwendige geistige Symbiose mit der Schwester eine nicht zu überschätzende Rolle. Diese menschliche Bindung war dauerhafter als jede andere Verwurzelung. Denn abgesehen von den Reisen und Ferienaufenthalten wechselte das Geschwisterpaar auch seine Wohnstätte in Zürich mehrmals. Von Stadelhofen ließen sie sich durch ein jung verheiratetes Ehepaar nach dem Mühlebach verdrängen und von hier, da sich die Wohnung als feucht erwies, ins sogenannte Schabelitzhaus in Oberstraß. Eine gewisse Rastlosigkeit blieb ihnen eigen. Aber es war gepaart mit einem ebenso starken Bedürfnis nach Stille und Einkehr.

Die einzige öffentliche Anerkennung fand CFM im Novemberheft 1864 der ›Bibliothèque universelle‹. Sie stammte aus der Feder seines väterlichen Freundes Louis Vuillemin und zollte der Balladenkunst Meyers höchste Anerkennung. So war es nochmals die welsche Schweiz und das geliebte Lausanne, woher ihm Hilfe und Bestätigung kam. Dabei ist auch nicht zu übersehen, welche Bedeutung der sprachlichen und allgemeinen geistigen Ambivalenz CFMs zukommt. Daß seine dichterischen Qualitäten in der frankophonen Welt früher erkannt wurden als in der deutschsprachigen, läßt eben die befruchtende Wirkung einer sprachlichen Randlage aufleuchten. Die formalen Qualitäten von Meyers Poesie standen zunächst der romanischen Welt in jedem Sinne näher als der germanischen, und erst als sich Meyer mit »Hutten« zu einem deutschen Thema entschloß, war das Tor für ein weiteres Verständnis von dieser Seite offen.

Literatur: s. S. 40/41.

III. Der Aufstieg (1865—1875)

Inzwischen war aus dem verhängnisvollen Berater Gustav Pfizer ein einsatzfreudiger Mentor geworden. Ihm gelang es, das Stuttgarter ›Morgenblatt‹ doch noch für Meyers Poesie zu interessieren, das im Laufe des Jahres 1865 eine kleinere Anzahl lyrischer und epischer Gedichte druckte. Als aber das Blatt Ende des Jahres einging, öffneten ihm die schweizerischen ›Alpenrosen‹ ihre Spalten.

Noch einmal sollte Betsy zu einer gewichtigen Beziehung den Weg bahnen, noch einmal die sprachliche Ambivalenz ihre Früchte zeitigen und noch einmal die geistige Symbiose der Geschwister zu einer bedeutenden sprachlichen Leistung führen: Ein Bekannter CFMs, der Genfer Philosoph und Theologe Ernest Naville hatte eine Vortragsreihe, die er in Genf gehalten, hierauf in Buchform veröffentlicht und sogar in deutscher Sprache erscheinen lassen. Unzufrieden mit der Übersetzung der ersten Auflage, wandte er sich an CFM. Dieser lehnte zwar für sich ab, erklärte sich aber bereit, seiner Schwester, falls diese die Aufgabe übernähme, behilflich zu sein.

Das Buch erschien, neu von den Geschwistern Meyer übersetzt, unter dem Titel: »Der himmlische Vater, sieben Reden von Ernest Naville« 1865 bei Hermann Haessel in Leipzig. Dieser erkannte an der vortrefflichen Übersetzung französischer Dichterzitate die Pranken des Löwen und wollte, als er Betsy das Honorar persönlich nach Zürich überbrachte, den Bruder zu weiteren Übersetzungen, z. B. lateinischer Klassiker, gewinnen. Conrad lehnte ab, wagte aber die Bitte, seine eigenen Gedichte in Verlag zu nehmen. Haessel, dessen Interesse an der romanischen Welt auch das Verständnis für Meyers Formkunst mit einschloß, sagte zu und erklärte sich auch bereit, den Restbestand der »Zwanzig Balladen« in seinen Verlag zu übernehmen. CFM stellte den Gedicht-Vorrat, der sich inzwischen angesammelt hatte, insgesamt 46 Titel, zu zwei Gruppen „Stimmung" und „Erzählung", zusammen und überschrieb das Ganze mit *»Romanzen und Bilder«*. Jetzt erst wagte er, seinen eigenen Namen hinzusetzen, indem er, um jede Verwechslung zu vermeiden, seinem eigenen den Namen des Vaters hinzufügte. Wiederum vereinbarte er mit dem Verleger, daß er die

Druckkosten auf sich nehmen wolle. Mit einem nun plötzlich überbordenden Selbstvertrauen ließ er eine ganze Reihe literarischer Größen: Gottschall, Laube, Geibel, Vischer, Menzel mit Freiexemplaren beschenken. Ja, er übermittelte sogar Rezensionstexte, die er selbst verfaßt hatte, an die Presse.

Mit dem Erscheinen der »Romanzen und Bilder« fand, obwohl die öffentliche Anerkennung noch auf sich warten ließ, die Zeit unsicheren Schwankens ihr Ende. Der Dichter hatte sich gefunden. Wir dürfen daher mit Fug den Lebenslauf für die nächsten zwei Jahrzehnte in die Entstehungsgeschichte der dichterischen Werke aufgehen lassen.

Literatur (vgl. auch die Literatur S. 9/10 und zu Kap. VIII):

Die CFM-Biographen gehen in der Wertung und Deutung der gegebenen Daten sehr weit auseinander, weshalb schon hier ihre Grundrichtung stichwortartig angedeutet sei:

ADOLF FREY (1900) basiert einerseits auf den persönlichen Erinnerungen des Ehepaares Lina und Adolf Frey, dem sich CFM immer aufrichtig verbunden fühlte, anderseits auf den Angaben und Akten, über die Betsy verfügte. Das Werk ist nicht unkritisch, aber ohne psychologisches Verständnis geschrieben, doch trotzdem bis heute unentbehrlich.

BETSY MEYERS (1903) „Erinnerungen" sind sehr aufschlußreich in den Details der dichterisch fruchtbaren Erlebnisse und ihrer Entstehungsgeschichte; sie übergeht aus Pietät die Zerwürfnisse zwischen Mutter und Sohn; die Berichte sind aber trotz unkritisch-überhöhender Tonart noch immer unentbehrlich, da Betsys künstlerisches Verständnis und Einfühlungsvermögen an kongeniales Mitempfinden heranreicht.

AUGUST LANGMESSER (1905) fußt auf den Informationen durch die Gattin CFMs und die Tochter Camilla und ist daher notwendigerweise für die voreheliche Entwicklung ganz unzulänglich. Er übergeht geflissentlich die Verdienste der Schwester und beschränkt sich im wesentlichen auf ästhetische Würdigungen.

ROBERT D'HARCOURT (1913) bietet echtes Quellenmaterial: seine beiden Bücher sind noch immer als objektiv informierendes und psychologisch vorsichtig deutendes Werk unentbehrlich und enthalten die zuverlässigsten Informationen über CFM.

FRANZ FERDINAND BAUMGARTEN (1913) und MAX NUSSBERGER (1919) berichten nicht ohne Gewaltsamkeiten. HARRY MAYNC (1925) ist noch immer lesenswert, wenn auch die ästhetische Welt etwas überbetont ist. — ROBERT FAESI (1925) hat besonderes Verständnis für das lyrische Element. Seine Arbeit ist als Kleinmonographie sehr wertvoll.

KARL EMANUEL LUSSER (1926) hat sich wohl als erster eingehender um die Jugend CFMs bemüht.

HELENE VON LERBER (1948) hat ihre Arbeit mit besonderem Verständnis für die Herkunft und die religiöse und gesellschaftliche Stellung geschrieben.

LILY HOHENSTEIN (1957) zeigt großes psychologisches Verständnis; sie wendet sich scharf gegen Legendenbildung und panegyrische Überhöhung des familiären Lebens; für die Spätzeit CFMs unentbehrlich. Sie stützt sich z. T. auf: MARIA NILS' (1943) Buch über Betsy, die Schwester CFMs.

Ohne Kenntnis des psychologisch-psychiatrischen Krankheitsbildes (neurotische Grundlage, zweimaliger Ausbruch einer depressiven Psychose) und die psychische Entwicklungsgeschichte CFMs wird man heute nicht mehr auskommen. Auf drei Arbeiten sei hingewiesen:

ISIDOR SADGER, ein Schüler Freuds, hat 1908 den Versuch einer psychoanalytischen Deutung gewagt, JAMES BORREL hat sich in den Briefen an die Mutter Meyers über CFMs Krankheit geäußert (abgedruckt in dHC). — Die bisher zuverlässigste psychiatrische Deutung stammt von ARTHUR KIELHOLZ: CFM und seine Beziehungen zu Königsfelden, in: Monatsschr. f. Psychiatrie u. Neurologie. Bd 129, 1944, Nr 4—6.

JOHANN KASPAR BLUNTSCHLIS »Denkwürdiges aus meinem Leben« (1884) enthalten wertvolle Hinweise auf den Geist des Meyerschen Hauses.

Mit dem Erscheinen der »Romanzen und Bilder« hatte CFM noch nicht erreicht, wessen er so dringend bedurfte: die Anerkennung durch eine breitere Öffentlichkeit. Aber, wie er am Tage, da er die ersten Exemplare erhielt, an den Verleger schrieb (27. 12. 1869), es war „eine Stufe eingehauen, in die sich der Fuß setzen läßt". Wie tief die Kränkungen und Zurückweisungen noch immer wirkten, unter denen er gelitten hatte, wird aus der anschließenden Bemerkung erkennbar, daß „der Gedanke, einen bescheidenen Platz in der Literatur zu erobern (...) die Stunde der Abrechnung für einmal vergessen läßt". Das Erscheinen des Bändchens war das Zeichen der äußeren Wandlung: Bei aller scheuen Zurückgezogenheit war doch der großzügige Weltmann, der Grandseigneur, in ihm ungebrochen. Die menschlichen Beziehungen verdichteten sich und wurden nunmehr bewußt, ja sorgfältig und ängstlich gepflegt.

Dem neuen Lebensgefühl entsprach schon der Wohnstil: Seit Frühjahr 1868 hatte sich das Geschwisterpaar im ‚Seehof' zu *Küsnacht* eingemietet, einem behäbigen Landhaus, dessen Westgiebel unmittelbar am See aufragt. Umgeben von Haushund und Katze, häufig zu Gaste und selber Gäste zu Tische ladend, gestaltete sich das Geschwisterpaar das Leben so, wie es seinen vielfältigen kulturellen Interessen entsprach und wie es die angenehmen Vermögensverhältnisse erlaubten. Ein mäßiger Lebensgenuß verschönte den an sich arbeitsreichen Alltag. Ein kultivierter Freundeskreis lockerte das künstlerische Leben auf. Zu den welschen Freunden FELIX BOVET und LOUIS VUILLEMIN, und dem in Zürich lebenden ALFRED ROCHAT gesellten sich nun die Zürcher Freunde, der Kunsthistoriker JOHANN RUDOLF RAHN (1841—1912), der Historiker GEORG VON WYSS (1816 bis 1893), der romantische Poet und Rhetoriker ADOLF CALMBERG (1837—1887).

Alle diese Beziehungen überragte an Nachhaltigkeit und Tiefe die Freundschaft mit FRANÇOIS und ELIZA WILLE auf dem Gut Mariafeld bei Meilen (Fr. W. 1811—1896, El. W. 1809 bis 1893). In diesem gastlichen Hause verkehrten die bedeutendsten Menschen, die das Zürcher Land für kürzere oder längere Zeit bewohnten, Persönlichkeiten wie Richard Wagner und die ehemalige Schauspielerin Karoline Bauer neben tüchtigen Gelehrten, Professoren und Offizieren. Hier fand CFM erstmals in deutschsprachigen Gebieten jene Beachtung und Anerkennung seiner dichterischen Bemühungen, deren er so dringend bedurfte.

In Mariafeld, der Halbinsel Au gegenüber, wo er den »Schuß von der Kanzel« ansiedeln wird, und im Anblick der nach Süden gegen die Schwyzer Vorberge sich erstreckenden Seebreite, in deren Ferne die Inseln Ufenau und Lützelau lagen, hier in Mariafeld, wo welscher Geist und romantische Begeisterung für die Einigung der deutschen Nation nebeneinander wohnten, fand der Dichter zu dem Thema, das seinen Ruhm begründen sollte: Ulrich von Hutten. In diesem für alles Schöpferische aufgeschlossenen Milieu erwachte unwiderstehlich die Lust am eigenen Gestalten: hier fehlte es an Aufmunterung nicht, und dem Ehepaar Wille gegenüber erschloß sich der langsam und schwerfällig arbeitende Dichter und holte sich Rat und Hilfe.

WILLE, väterlicherseits aus Valangin (Neuenburg) stammend, war in Hamburg geboren und dort aufgewachsen, hatte, ein Kommilitone Bismarcks, sehr aktiv und streitbar an der Burschenschaftsbewegung teilgenommen und sich schließlich als liberaler und weltoffener Geist am Sonnenufer des Zürichsees niedergelassen und mit seiner dichterisch nicht unbegabten Gattin aus dem Hause Sloman, einer angesehenen und einflußreichen Hamburger Familie, sein Heim künstlerischen Begegnungen geöffnet.

CARL HELBING: Mariafeld. Aus der Geschichte eines Hauses. 1951.

Obschon die Konzeption der Dichtung — Konzentration auf die letzten Lebenstage und Einblendung der Erinnerungsbilder, die das ganze Leben umgreifen, in die vom nahen Tod überschattete Zeit — durch und durch dramatisch ist und Meyer sicher auch an eine dramatische Gestaltung dachte, entschloß er sich zu einer Form, die ihm erlaubte, die mühsam erworbene Balladen- und Verskunst weiter zu pflegen. Er gewann durch ihre sorgfältige Fortentwicklung eine durchaus originell wirkende dichterische Form: Synthese von balladesker Kürze, Stimmungslyrik und novellistischer Konzentration des Stoffes. Landschaftliche und menschliche Stimmungsbilder, Erinnerungsbilder, eingebettet in das Weltgeschehen der Renaissance und Reformationszeit, zusammengefaßt einerseits durch die eine Gestalt Ulrich von Huttens und anderseits durch den Ort, die stille Insel, kurz: Rückkehr zu klassischen Einheiten dramatischer Darstellung, Einheit des Ortes, der Zeit und Ausrichtung der Handlung auf die eine Hauptfigur: So entstand, über vielfach verworfene Vorstufen, die streng gebaute Bildfolge, für die nach langen Versuchen (Frey, S. 211—228) schließlich der fünffüßige männlich gereimte jambische Zweizeiler als das für den herben Stoff geeignetste Maß gewählt wurde. Dazu wurde das Werk in knappe Zyklen gegliedert. Anspruchsvoll waren die formalen Gesetze, denen er sich damit unterwarf, und sie hätten ihm zum Verhängnis werden können: man bedenke die strengen rhythmischen Forderungen des fünffüßigen Jambus, der nur den männlichen Reim gestattete. Trotz unaufhörlichem Drechseln blieben vorerst Unebenheiten und Schwerfälligkeiten. Aber der ganze Wurf, die an die Spruchdichtung angelehnte Prägnanz und die Fülle der Bilder, die vielen sprachlich-metaphorischen Einfälle waren so reich, und die Figuren traten so plastisch aus ihrem zeitlichen und landschaftlichen Hintergrund hervor, daß ein Ganzes von unmittelbarer Spannkraft entstand.

Strenge Form, zäher, zielbewußter gestalterischer Wille und die in den dunklen Jahren so oft durchlebte Grundsituation, das Gefühl, dem Tode unmittelbar nahe zu sein, was aus CFMs Briefen aus Préfargier so häufig zu erspüren ist, jene Lebensstimmung, der er immer wieder, am eindrücklichsten außer in »Hutten« in »Pescara«, Ausdruck verlieh, dies alles und die Zeitstimmung während und nach dem deutsch-französischen

Krieg ergab eine „Gunst des Augenblicks", wie sie sich so dem Dichter nur einmal einstellte.

Im Juli 1871, kurz nach Beendigung des deutsch-französischen Krieges, bot CFM das Manuskript seinem Verleger Haessel an. Noch einmal war er bereit, unter dem Vorbehalt, selber bei der Ausstattung mitreden zu dürfen, die Druckkosten zu übernehmen. Nur 750 Exemplare sollten gedruckt werden. Der Ertrag wird dem Verleger überlassen, das Autorenhonorar soll an den deutschen Invalidenfonds gehen. Mathilde Wesendonck, mit der CFM in jener Zeit in engem geistigen Kontakt stand, hatte ihn dazu angeregt. Soweit reichte damals im Schweizer Bürgertum die Begeisterung für den Sieg der deutschen Armee, so stark hatte sich unter dem Einfluß der Meilener Tafelrunde Meyers Sympathie gewandelt; er verglich seinen Wandel mit der brüsken Wendung des Rheins bei Basel.

Mit bemerkenswertem Geschick fördert er die Werbung, ordnet an, daß in der ›Augsburger Allgemeinen‹ viermal mit Intervallen und in der ›NZZ‹ zweimal eine Anzeige erscheinen solle. Als Texte schlägt er eigene Formulierungen vor und ermahnt den Verleger, weder mit Frei- noch mit Rezensionsexemplaren sparsam zu sein. Der Erfolg blieb nicht aus. Noch im Erscheinungsjahr (das Buch kam Anfang Okt. 1871 heraus) fand die Dichtung begeisterte Anerkennung. Die Auflage war wenige Monate später vergriffen, und Haessel druckte schon im folgenden Jahr eine zweite. CFM verfolgte die Rezensionen mit brennendem Interesse, namentlich jene aus dem Deutschen Reich.

Die Hutten-Dichtung war es, die seinen Namen mit einem Schlage im jungen Reich Bismarcks bekannt machte. Freilich wurde der Erfolg zunächst durch den Lärm der Siegespanegyriker übertönt; aber 1881 war doch die 3. Aufl. nötig, für die CFM die Dichtung nochmals gründlich überarbeitete und um eine größere Anzahl von Bildern erweiterte. Die Änderungen zielten dahin, Hutten „der Geschichte und der künstlerischen Wahrheit" näherzubringen (Br. an Rahn v. 30. 6. 1881). Er hatte es gewagt, den »Hutten« als eine neue Stufe zu künftigem Dichtertum anzusehen, doch die Anerkennung übertraf bei weitem seine Erwartungen: Von nun an wagte niemand mehr, seinen dichterischen Rang zu bezweifeln; fortan ging die Sorge nicht mehr dahin, neue Stufen zu erklimmen, sondern den einmal gewonnenen Rang zu wahren.

Das Werk selbst blieb seinem Schöpfer ans Herz gewachsen. Davon zeugt CFMs Aufsatz »Mein Erstling...« (in: ›DD‹ v. 1. 1. 1891; auch in: Briefe II, S. 518—523). An keinem Werk hat er soviel herumgebastelt und von Auflage zu Auflage (er erlebte insgesamt 15 Aufl.) verändert, partienweise verworfen und wieder zurückgeholt, bei keinem Werk ist Betsy so begeistert mitgegangen, an keinem hat er den Freundeskreis — Elisabeth und François Wille, Mathilde Wesendonck in vorderster Linie — so offen und unmittelbar Anteil nehmen lassen und hat die Ratschläge so sorgfältig berücksichtigt wie bei diesem. So wuchs durch die Auflagen hindurch ein Werk, das sowohl in Beziehung auf das Thema wie auf die sprachliche Formkunst einmalig dasteht.

Über die Veränderungen der Auflagen orientiert ZÄCH in: W 8, S. 24—220.

Literatur:

Als unmittelbare Quellen haben für die Hutten-Dichtung zu gelten: DAVID FRIEDRICH STRAUSS: Ulrich von Hutten. 2 Tle. 1858. — LEOPOLD VON RANKE: Dt. Geschichte im Zeitalter der Reformation. 6 Bde. 1839/1847. — Eine der unmittelbarsten Anregungen ist sicher das 1858 entstandene Gedicht von GOTTFRIED KELLER: Ufenau (G. K.: Werke Bd 1, S. 248, ferner 2/2, S. 120 f.). — Weitere gesicherte und mögliche Quellen bei ZÄCH in: W 8, S. 199—207.

Erste Rezensionen: THOMAS SCHERR in: Zürcher. Freitagsztg, 6. Okt. 1871. — ADOLF CALMBERG in: Rhein. Ztg, 25. Okt. 1871. — FRANCOIS WILLE in: Basler Nationalztg, 1. Nov. 1871.

Weitere Literatur:
G. VOIGT: Ulrich von Hutten in der dt. Literatur. 1905.
P. SOMMER: Erläuterungen zu CFMs Ulrich von Hutten. 1929.
JONAS FRAENKEL: Hutten und Ariost, in: NZZ, 1. Okt. 1929.
WERNER KOHLSCHMIDT: Huttensymbol und Reichsgedanke, in: ZfdB 18, 1942.
DERS.: CFM u. die Reformation, in: W. K.: Dichter, Tradition u. Zeitgeist. 1965, S. 363—377.
CONSTANZE SPEYER: Die Reformation in der Dichtung CFMs, in: Reform. Schweiz 1945, S. 452—459 u. 493—496.

2. »Engelberg«

In der Hochstimmung nach Erscheinen der Hutten-Dichtung — vielleicht dürfte man sogar von einer manischen Stimmung reden — machte CFM sich mit seiner Schwester auf die Reise: Noch einmal war München das erste Ziel; noch einmal zogen ihn die Museen an; dann ging es über Innsbruck, wo er das Grabmal Maximilians besuchte, und über den Brenner nach dem geliebten Süden. Verona fesselte ihn zuerst, und von dort nahm er die Eindrücke mit, die später in der »Bettlerballade« wieder auftauchten; dann fuhr das Geschwisterpaar über Mantua nach *Venedig,* wo es an der Riva degli Schiavoni (im Hotel della Laguna) Wohnung nahm. Neben bestimmten Absichten (s. S. 50 f.), die mit der Reise verbunden waren, diente sie beiden dazu, sich ein lebendiges Bild von der italienischen Kunst und Kultur zu verschaffen. Die Zeit, die während der Winterstürme und Kälte übrig blieb, galt der Ausfeilung „eines schon früher entstandenen aber liegen gebliebenen Idylls" ((vgl. »Autobiogr. Skizze« II). Nach eigenem Geständnis wählte CFM die Form des »Otto der Schütz« von Gottfried Kinkel, d. h. den jambischen Vierheber mit freier Reimgestaltung: männliche und weibliche paarige und wechselständige Reime. Die Gliederung der rund 1800 Verse erfolgt nicht in festen Strophen, sondern in Abschnitten nach inhaltlichen Kriterien. Dessen ungeachtet zeigt das Gedicht — wegen der Kürze des Versmaßes — eine gewisse manchmal in den Ton des Bänkelsangs abgleitende Monotonie. Da seine Konzeption zeitlich hinter »Hutten« zurückreicht, ist ihm da und dort noch eine gewisse stoffliche Umständlichkeit eigen, die in der Hutten-Dichtung bereits überwunden ist. Während diese das untrügliche Zeichen der gewonnenen Geistesfreiheit und Lebenssicherheit atmet, läßt »Engelberg« noch die Spuren des Ringens um eine neue künstlerische und religiöse Freiheit spüren, die sich seit der Konfrontation mit Rom anbahnte. In seinem Brief an Haessel vom 27. 2. 1872 spricht er von einem „typischen Frauenschicksal", einer „mittelalterlichen Psyche"; „es ist die Bildung eines einfach-schönen weiblichen Charakters durch das Erdenleben". Dieser Hinweis und der andere an gleicher Stelle, daß zwar „Anfang und Ende luftig (und wer kennt das Woher und Wohin des Menschen?)", das „wirkliche Erdenleben aber realistisch" behandelt sei, läßt den Durchbruch in die Säkularisation, aus der jenseitsgläubigen Lebensferne in die diesseitsfreudige Lebensbejahung erkennen. Die Erweiterung der himmlischen Frömmigkeit zur Erdenfrömmigkeit hat in dieser „Legende" (so von CFM bezeichnet) seinen Eigenwert und seine Gültigkeit (vgl. dHCFM S. 458 f.).

CFM schweigt sich zwar darüber aus, aber die zeitliche Koinzidenz ist nicht zu übersehen: Auf Ostern 1872 erschienen die »Sieben Legenden« Gottfried Kellers; ihr Erfolg erforderte im gleichen Jahr eine zweite Auflage. CFM meldete, daß er »Engelberg« in einem Zuge vor dem Eintreffen seiner Freunde, François und Eliza Wille, im Laufe des Februar in Venedig geschrieben und *vollendet* habe. Dann aber läßt er sich erneut von dem Gedicht absorbieren und notiert

Anfang Juni 1872 nochmals die „Vollendung". Hat er während dieser Zeit noch Änderungen angebracht, die seine Glaubenshaltung gegenüber Kellers weltfreudiger Legendenkunst sichtbar machen sollte?

Wie dem auch sei, die »Idylle Engelberg« (so wollte er einmal das Gedicht zuerst benannt haben) entsprach einem inneren Drang, dem „Bedürfnis, diesmal eine weiche Saite anzuschlagen". Da nach einem Bekenntnis, das er bei Anlaß der zweiten Auflage A. Calmberg gegenüber äußerte, daß „nirgends in Geschichte, Sage oder Legende ein Anhalt vorhanden ist, den bloßen Namen Engelberg ausgenommen", so haben wir um so triftigere Gründe, »Engelberg« unter jene Werke einzureihen, die in ganz besonderem Maße die inneren Figurationen des Dichters enthalten. Und da der Dichtung neben legendenhaft zarten auch ausgesprochen wilde, „realistische" Partien eignen, läßt dieses Werk besonders eindrücklich eine ursprüngliche Spannung im Wesen Meyers erkennen.

CFM hat das Werk später gering gewertet, eine Mönchsphantasie für Damenlektüre geeignet. Doch ist zur Erhellung dieses Werks, das von der Forschung ziemlich vernachlässigt wurde, noch viel zu tun.

Die erwähnte Vorstufe zu »Engelberg«, datiert mit 2. August 1862, ist zitiert bei Frey, S. 233—235, ebenso die weitere Entwicklung der Dichtung S. 238—241.

»Engelberg« erschien Mitte August 1872. Äußerungen des Dichters und frühe Urteile vermittelt dHCFM, S. 458—463.

Über die seelischen Hintergründe und die Entstehung: Hohenstein, S. 181—185.

ALFRED ZÄCH: CFMs Dichtung »Engelberg« u. die Verserzählung des 19. Jhs. 134. Neujahrsblatt z. Besten des Waisenhauses Zürich für 1971.

3. »Das Amulett«

Nach der Rückkehr aus Venedig im März 1872 machte die Erkrankung des Hausbesitzers einen neuen Umzug nötig. Die Seenähe hatte es CFM aber angetan: Er vertauschte den Seehof Küsnacht mit einem Haus gleichen Namens im Dorfe *Meilen*, wo er die Wohnung im zweiten Stock bezog. Und was die neue Wohnung neben einem noch weiteren Blick auf See und Berge zu bieten hatte, das war der Arbeitsplatz unter „schwarzschattenden Kastanien" unmittelbar am Gestade des Sees. Hier wurde der Engelberg-Dichtung der letzte Schliff gegeben, und hier im Hause und am See diktierte er der Schwester seine erste Novelle »Das Amulett«.

Plan und Anregung dazu stammten allerdings aus früheren Jahren. Erstens war ihm die Zeit der Gegenreformation von den Büchern des

Vaters her vertraut. Die Epoche gewann sodann an Plastizität, als CFM — überzeugter, vom Calvinismus entscheidend beeinflußter Protestant — im Frühjahr 1857 nach Paris kam und hier den Bauten jener Zeit, in denen und in deren Nähe das Blut der Hugenotten geflossen war, dem Louvre vor allem, begegnete. Von gezielten Studien im Hinblick auf die Novelle erfahren wir allerdings erst ein genaues Jahrzehnt später, da er sich mit einem Brief an Vuillemin (vom 26. 4. 1867) nach Arbeiten um die Bartholomäus-Nacht und Admiral Coligny umsah. Aber auch jetzt noch war es neben den Bemühungen um den Jenatsch-Stoff eine retardierende Nebenbeschäftigung. Ein klarer Zeitplan für die Novelle wurde Ende 1869 (Br. an Haessel vom 29. 12.) gefaßt: er hoffte, das Werk bis Ostern abzuschließen, und ist noch am 15. Febr. 1870 mit der Novelle beschäftigt. Der anregende Kreis in Mariafeld und die Ereignisse auf der politischen Bühne (Ausbruch des Deutsch-Französischen Krieges) drängten ihm dann aber den Hutten-Stoff und seelische Gründe die Vertiefung der Engelberg-Dichtung auf. So wurde CFM erst im Sommer 1872 wieder für den Novellenplan frei, wobei auch da noch die Zeit von der Bedrängnis durch den Jenatsch-Stoff eingeengt wurde. Doch entschloß er sich nach dem längeren Sommer-Aufenthalt im Bündnerland, vielleicht mit der Absicht, inzwischen den Jenatsch-Stoff in sich reifen zu lassen, seine Zeit nun dem »Amulett« zu widmen. Das Manuskript war am 13. März 1873 so weit abgeschlossen, daß er sich damit dem Freund Rahn zum Vorlesen anbot. Auch holte er noch den guten Rat Vuillemins ein. Doch schon nach dem 20. April schickt er das fertige Manuskript an Haessel nach Leipzig, der ohne längeres Zögern die Drucklegung in die Wege leitet. Dies erstreckte sich vom Juni bis in den August hinein. Zwar mißlang der Versuch Haessels, einen Vorabdruck in einer illustrierten Zeitung unterzubringen, doch zeigte er sich diesmal großzügiger und verzichtete auf einen Druckbeitrag, wie er ihm vom Dichter angeboten wurde.

Vergleichen wir den Novellenerstling mit der späteren Prosa, dann fallen gewisse Anfangs-Schwächen auf: eine Überfülle an Stoff und damit verbunden — weil sich der Dichter einer knappen Sprache bediente — ein oft beinahe rasanter, zu äußerst knappen Szenen zusammengefaßter Handlungsablauf. Aber da dies durchaus dem Tempo der dunkel gehaltenen historischen Novelle entspricht, tritt die Schwäche wenig zutage, um so weniger als dem Dichter schon hier kräftige dramatisch-impressionistische Szenen gelungen sind. Die Novelle nimmt den Stil geraffter Film-Sequenzen voraus. Dabei tritt schon hier ein besonderer und zweifellos typischer Zug von Meyers historischer Novellistik an den Tag, nämlich das, was er selber (am 26. Mai 1873) nach dem Scheitern der Verhandlung mit einer Zeitschriften-Redaktion Haessel gegenüber seine „tendenzlose Auffas-

48

sung" nennt. Wir könnten dies mit anderen Worten die historisch-pragmatische Objektivität nennen, wie er sie bei Jacob Burckhardt und Ranke vorgefunden. Denn obwohl ein Protestant (Schadau) die Mitte des Erzählvorgangs einhält, ist der katholische Gegenspieler Boccard als die aktivere Figur beinahe mit größerer Teilnahme gezeichnet, und obwohl eines der düstersten Kapitel von Glaubensterror den Hintergrund bildet, wird dieser Terror doch von der Geschichte des Leitmotivs, nämlich des Amuletts überstrahlt, dessen magische Kraft den Ungläubigen rettet und den ursprünglichen Träger im Stiche läßt. Damit ist eines der Grundanliegen Meyers, nämlich die lebendige, tätige, innerweltliche christliche Liebe über dem zerstörerischen Dogmatismus zur Wirkung zu bringen, sichtbar gemacht. Es ist ein humanistisches Grundanliegen, dem er hier Ausdruck verleiht: nämlich das Menschliche, das bald in Übereinstimmung, bald im Widerspruch zu den Zeitströmungen seinen Kampf kämpft, in seiner überpersönlichen, von den Bedingnissen der kirchlichen und politischen Strömungen freien Würde zum Leuchten zu bringen. Vielleicht war die Geschichte des Amuletts auch ein Versuch, den calvinistischen Determinismus, mit dem er sich immer wieder auseinandersetzte, über das Motiv des fetischistischen Wunderglaubens, der dem Ungläubigen zum Segen wird, ad absurdum zu führen. Eine gewisse Lust an der Darstellung grausamer und dämonischer Szenen läßt überdies die Ängste, denen der Dichter im Verborgenen noch immer ausgesetzt war, zum mindesten erahnen.

Literatur:

Schon früh wurde die Abhängigkeit von CFMs Erzählstil von französischen Mustern erkannt, so von CARL SPITTELER in seinem Aufsatz »Die Eigenart CFMs« (1885, heute in: CSp. »Ges. Werke«, Bd 7, S. 483—488). — ROBERT D'HARCOURT hat in dHC (S. 464 bis 470) motivische Entlehnungen in großer Zahl auf Mérimées »Chronique du règne de Charles IX« nachgewiesen. — Weitere Motive und Figuren der Novelle stammen aus: Brantôme »Sur les Duels«, De Thon »Histoire universelle« und Häusser »Geschichte des Zeitalters der Reformation«. — Anregungen und direkte Anschauungsbezüge gingen auch von einem Gemälde aus, dem CFM im ›Musee Arland‹ in Lausanne begegnet war. Der Zusammenhang wurde entdeckt von ANNA LÜDERITZ: CFMs »Amulett« u. seine Quellen, in: Archiv f. d. Studium d. neueren Sprachen. 1904, das Bild (von François Dubios) wurde in W 11, S. 645, reproduziert; s. dazu A. ZÄCH in: W. 11, S. 222—232. — Von den Zusammenhängen zwischen Mérimée und CFM handelt besonders ein Aufsatz von HANS KAESLIN in: Wissen u. Leben. Jg 2, 1908, H. 4, S. 133—143. — Dazu:

G. Brunet, S. 164—179. — Die auffällig starke Abhängigkeit von bildlichen und literarischen Quellen ist sicher als Ausdruck der eigenen Unsicherheit CFMs bei der Abfassung dieses Prosa-Erstlings zu deuten.

Ein großer Erfolg war der Novelle nicht beschieden. Immerhin gab es wohlwollende Besprechungen: Louis Vuillemin in: Gazette de Lausanne, 8. Okt. 1873; Paul Wislicenus in: Die Literatur (Leipzig), 14. Nov. 1873; Adolf Calmberg in: Darmstädter Ztg, 25. März 1874; Betty Paoli in: Wiener Abendpost, 31. März 1874.

Am Karsamstag 1882 bekennt CFM Louise von François gegenüber, daß der Bruder seines Schwiegervaters, Major Hans Ziegler, ihm als eine „äußerlich und innerlich sehr feine Persönlichkeit" für die Figur von Schadaus Oheim zu Gevatter gestanden; für die 2. Aufl. habe er nach dessen Tod seine „Ähnlichkeit etwas verstärkt".

4. »Jürg Jenatsch«

CFM war von Jugend auf mit Landschaft und Geschichte Graubündens vertraut, und da Reformation und Gegenreformation namentlich der bündnerischen Südtäler manche Parallele mit den Geschicken im Tessin haben, mag die Gestalt des Jenatsch schon in die Gespräche des Vaters mit dem Sohn in der Zeit seiner großen Ferienreise hineingespielt haben. Ebenso früh war ihm wohl die Rolle Bündens als Land bedeutender Alpenübergänge und damit seine internationale politische und wirtschaftliche Verflechtung bewußt geworden. Und daß hier in der Zeit der großen konfessionellen Spannungen die Lokalgeschichte zum Spiegel der Weltgeschichte werden konnte, wurde ihm immer klarer, je mehr er mit Landschaft und Geschichte Bündens vertraut wurde.

Konkretere Formen nimmt der Jenatsch-Stoff 1866 an, da CFM erstmals (am 5. 8.) seinem Verleger Haessel gegenüber von einer „historischen Novelle aus der wundersamen graubündnerischen Geschichte" schreibt, „als dieselbe mit der ganzen europ. Geschichte in Berührung stund". Der Gedanke an sie begleitete ihn täglich auf seinen Wanderungen. Von diesem Zeitpunkt an macht es den Eindruck, als ob er seine Reisepläne weitgehend auf dieses Ziel hin ausrichte, und zwar nicht nur die Reisen in seinem geliebten Graubünden. Ebenso planmäßig dürfte er sich mit der Quellenliteratur auseinandergesetzt haben. Die wichtigste Quelle (B. Reber: Georg Jenatsch, Graubündens Pfarrer und Held während des 30jährigen Krieges, in: Beitr. z. vaterländischen Geschichte, Bd 7, 1860, S. 177—300) begleitete ihn 1867 während seines Aufenthaltes in Silvaplana.

Der Stoff scheint ihn, obschon inzwischen anderes zur Reife gebracht wurde, während des ganzen folgenden Jahrzehnts immer wieder beschäftigt zu haben. In der damals erreichten relativen inneren Ruhe und Sicherheit entschlug er sich jeder nervösen Hast. Zu den Reisen, die er im Dienste des Jenatschplanes unternahm, gehörte zweifellos auch die Fahrt und der längere Aufenthalt in Venedig im Winter 1872. Wohl drechselte er damals an »Engelberg«, aber daß die Lagunenstadt, der Ort der Haupthandlung des zweiten Buches werden sollte, das lag wohl schon in seinen Plänen. Hier holte er sich auf unzähligen Gängen und Gondelfahrten die Anschauung, die ihm ermöglichte, in Venedig so gut wie in den Bündnertälern und im Veltlin jede einzelne Szene genau zu lokalisieren.

Schon 1866 (Br. an Haessel vom 5. 8.) hat er auch den „liebenswürdigen Herzog Rohan" in seine Pläne einbezogen. Er spricht von ihm als von einer „anziehenden Figur", die nicht fehlen dürfe. Über die Örtlichkeiten des ersten und des dritten Buches suchte er sich immer wieder und zu verschiedenen Jahreszeiten ins Bild zu setzen. Den ergiebigsten Ertrag lieferte zweifellos der Sommeraufenthalt des Jahres 1866 in Silvaplana (Oberengadin), von wo aus die Geschwister das Unterengadin und Maloja, den Cavloggiasee mit dem Talriegel des Murettopasses besuchten. Der Engadinaufenthalt wurde gekrönt mit einer Reise über die Bernina ins Puschlav und von dort, nach einem Abstecher aufs Stilfserjoch, nach Sondrio im Veltlin und schließlich nach einem Zwischenhalt in Lugano über den San Bernardino (26. 9. 1866) und Thusis zurück nach Zürich. Im Sommer des darauffolgenden Jahres nahm das Geschwisterpaar wiederum Quartier in Silvaplana und machte von dort aus eine Tagesfahrt nach Bondo und Soglio im Bergell, wo dem Dichter die nahe Berührung südlicher und alpiner Landschaft, südlicher und nordischer Vegetation bleibende Eindrücke hinterließen (vgl. das Gedicht »Die Schlacht der Bäume«, W 1, S. 158). Anfang Dez. 1867 hält CFM sich nochmals im Domleschg auf, und ein vom 5. 7. 1871 datierter Brief aus Davos-Kulm (an Georg von Wyss) bringt den dortigen Aufenthalt ebenfalls mit Jenatsch in Verbindung. Die Kulturlandschaft des Domleschgs mit dem Kloster Cazis und dem von vielen Alphütten überstreuten „menschenfreundlichen" Heinzenberg lernte er auf Fahrten und Wanderungen von Dorf zu Dorf, von Burg zu Burg kennen.

Aber CFM begnügte sich nicht mit der Aneignung der historischen Landschaft, er beschaffte sich darüber hinaus aus der

Zürcher Stadtbibliothek Bildnisse von Jenatsch, Waser, Wertmüller, Serbelloni usw., um ja nicht Gefahr zu laufen, ein entstelltes Bild ihrer äußeren Erscheinung zu geben. Und dennoch bekennt er in dem äußerst instruktiven Brief an Felix Bovet vom 12. 9. 1876: „Après avoir lu à peu près tout ce qui a été écrit sur ce sujet là, j'ai mis tout cela de côté et j'ai donné le champ libre — très libre à mon imagination — de manière que telle page de ma nouvelle me fait l'effet, maintenant, d'être tracée par une main autre que la mienne."

Von Bedeutung für den besonderen Stil in »Jürg Jenatsch« sind die Wandlungen Meyers im Verhältnis zum Stoff. Eine Zeitlang war er ihm über den Kopf gewachsen. War er im Okt. 1866 noch einmal, nach den Wanderungen im Domleschg, von der Gestalt des Titelhelden fasziniert (Brief an Haessel vom 10. 10. 1866), so glaubte er drei Monate später, da die Arbeit nicht vom Fleck kommen wollte, daß er sich entschließen müsse, einfach eine historisch-biographische Skizze zu schreiben. Die historische Wahrheit habe, so fährt er im Brief an Haessel vom 30. 1. 1867 fort, den Vorsprung gewonnen, und er getraue sich nicht, ihr eine vollere Gestalt zu geben, als die Quellen böten. War er in den Wintermonaten einer leichten Depression verfallen, oder waren um diese Zeit die schöpferischen Kräfte überhaupt noch im Ungewissen? Noch hatte er sich ja nicht in der Prosa versucht.

Wie dem auch sei, das wechselnde Verhältnis zum Stoff hatte ihn von allzu engen Verklammerungen befreit. Das Jahrzehnt, das über dem Ganzen verstrich, ließ die echte Souveränität über den Stoff heranreifen. Dies erst ergab die fruchtbare Antinomie, die CFM im Briefe an Bovet andeutet: ein von Quellen unabhängiges freies Walten der dichterischen Phantasie, aber einer dichterischen Phantasie, die im Laufe der Jahre mit dem historischen Stoff sich völlig gesättigt hatte. Es war die von historischen Realitäten gebändigte subjektive Phantasie, die ihn zwang, einen streng objektiven Stil durchzuhalten, einen Stil, der ihm schließlich so sachgebunden, so entäußert vorkam, daß ihm der Text von fremder Hand geschrieben schien. Das ist das Stilmerkmal dieses Romans: die reine Objektivität, die eine entschiedene Parteinahme verhindert. Wohl wird das Bild des historischen Jenatsch in aufhöhendem Sinne bereinigt und verklärt, aber nicht im Sinne einer sittlichen Sublimation, sondern indem einfach die bedeutsamen Konstellationen und Begegnungen die höheren Potenzen sichtbar machen, der historische Jenatsch, den er selber einen coquin

(Schuft) nannte, wird zum Werkzeug und Vollstrecker historischer Entwicklungsgesetze, die schließlich auch seinen Untergang herbeiführen, da auch seine kraftvolle Gegenspielerin höheren Ordnungen gehorcht und das Beil gegen ihn erhebt. Kräftige Persönlichkeiten wirken in Dynamismen, die ihren eigenen Gesetzen folgen. Der historische Ablauf ist dabei weder determiniert noch spontan, oder es ist stets beides zugleich. Darum entzieht sich das Geschichtsbild des Romans auch jeder theoretisch-programmatischen Bestimmung. CFMs historische Auffassungen sind genauso ambivalent wie die seines großen Lehrmeisters Jacob Burckhardt. Das heißt, die historischen Fakten stehen nicht hinter einem ideologischen Raster, sondern bleiben, zwar ins helle Licht gerückt, Phänomene, auf deren Ergründung der Verfasser weitgehend verzichtet. Damit hängt die andere Eigenart dieses Romanstils zusammen, das, was CFM selbst „une espèce de fresque assez grossièrement dessinée et pour être vue à distance" genannt hat (Br. an Bovet v. 12. 9. 1876).

Einen Fingerzeig für das Verständnis von CFMs historischem Pragmatismus und eine Möglichkeit, ihn auch religiös zu verankern, bietet eine Stelle aus dem Gespräch zwischen Jenatsch und Lucretia: „Ich wölbe mir den Himmel — spricht der Herr — den Spielraum der Erde aber überließ ich den Menschenkindern." Denn in diesen Worten offenbart sich der Säkularisationsprozeß im menschlichen Denken des 19. Jhs, wie er sich im Denkbereich Meyers auf seine Weise modifizierte.

Es hängt mit der freskenhaft knappen Darstellung eines dynamischen Geschehens zusammen, daß der Handlungsablauf in szenisch geschlossene Bilder aufgeteilt ist. Dies gibt dem Ganzen einen theatralischen Charakter oder besser den Charakter einer Folge von Filmsequenzen. Dabei werden ganz bewußt Kontrastfiguren verwendet, Kontrastfiguren, die ihrerseits innere Widersprüche vereinigen wie etwa der Mönch Pankrazi, der die Grenzen zwischen katholisch und evangelisch verwischt hat, oder der Prädikant Fausch, der seinen Beruf mit dem eines Schenkwirts in Venedig vertauscht und der dabei eine ähnliche glühende Liebe zu Graubünden bewahrt wie sein Freund von der Zürcher Schulbank und Mitkämpfer für die Reformation im Veltlin, Jenatsch. Die beiden, leicht ins Groteske verschobenen Figuren gleichen den Fratzen in der mittelalterlichen und barocken Architektur.

Über die Frage der gattungsmäßigen Einreihung herrscht von Anfang an Unklarheit. CFM hat selbst von einer historischen Novelle gesprochen (21. 9. 1866). Die Bezeichnung Roman hat er dauernd gemieden: „Ein Roman ist J entschieden nicht, ich würde ihn eher eine Novelle heißen, wenn wenigstens der Roman mehr epischen und die Novelle mehr dramatischen Charakter hat" (an Meissner am 1. 3. 1876). Zur Unterscheidung gegenüber dem weiteren Prosa-Oeuvre CFMs wird man aber, wenn man auf den allzu sehr eingrenzenden Begriff Prosa-Epos verzichten will, heute doch die Bezeichnung Roman gelten lassen dürfen. Jedenfalls ist der Begriff Geschichte („Bündnergeschichte"), den Meyer aus Verlegenheit verwendet, kaum zureichend.

Im Jahre 1872 war Meyer bereits so intensiv mit der Niederschrift beschäftigt, daß er sie auf Ende des Jahres abzuschließen hoffte. Schon am 27. Februar nennt er das Werk „völlig schreibreif". Aber ein Jahr später ist er noch gleich weit, spricht aber von einem zu erwartenden Umfang, der Scheffels »Ekkehard« gleichkäme. Wieder ein Jahr später, am 11. 3. 1874, verspricht er das abgeschlossene Manuskript für die Zeit vor Aufbruch in die Sommerfrische (Juli). Tatsächlich meldet er am 23. Juli, daß er am Vortage das Werk „abgeschlossen" habe; doch scheint es nun zu einer Verstimmung zwischen ihm und dem Verleger gekommen zu sein, die eine zweijährige Lücke in der Korrespondenz verursachte. Haessel scheint den Roman entweder abgelehnt oder mit wenig Sympathien aufgenommen zu haben. Er erschien — wohl dem Buchverleger höchst unerwünscht — 1874 in der von Paul Wislicenus redigierten Zeitschrift ›Literatur‹. Aber noch einmal verstrichen beinahe zwei Jahre, bis sich Haessel, dem der Dichter trotz allem die Treue halten wollte, zur Buchausgabe bequemte. Er lamentierte, sprach davon, daß er in diesem Manuskript einen „Krebs" erworben (CFM am 16. 12. 1876 an Haessel) und scheint den Druck mit Unlust eingeleitet zu haben.

CFM hatte indes die Zeit dafür verwendet, den Text einer gründlichen Revision zu unterziehen. Beinahe jeder Satz erhielt eine veränderte Gestalt. Es ging dabei um Verstärkung der epischen Plastizität und um Verdeutlichung der Charaktere. Aber immer noch mußte er das Werk gegen den Verleger in Schutz nehmen: „Vorzüge und Schwächen meines Buches, die ich zu kennen glaube, gegen einander abgewogen, kann ich sagen, daß der Stoff ein glücklicher und die Ausführung eine kunstgerechte ist" (Br. v. 13. 9. 1876). Meyer tat dabei alles in seinen Kräften liegende, daß dem Buch an bedeutenden Stellen Rezensionen zuteil wurden.

Der Verleger hatte sich über den Erfolg nicht zu beklagen, der Erstauflage des Jahres 1876 folgte schon zwei Jahre später eine zweite, und 1882 ließ Haessel bei Anlaß der dritten Auflage die Stereotypplatten für die vierte herstellen. Für die 2. Aufl. (1878) hatte der Dichter ein weiteres Kapitel (III, 12) geschrieben, das die abschließenden Geschehnisse in Bünden und die Stellung Jenatschs besser motivieren sollte. Die alte Liebe zu diesem Buche sei bei dieser Gelegenheit wieder erwacht, berichtet dabei CFM am 26. 6. 1878 seinem Verleger. Bis zur Erkrankung erlebte das Werk bei geringen Veränderungen noch 17, bis zum Tode 30 Auflagen. Es ist eines der erfolgreichsten Schweizer Bücher geworden, in alle Weltsprachen übersetzt und in vielen hundert Auflagen verbreitet.

Literatur:

Über die Quellen und die historischen Hintergründe, die Entstehungsgeschichte und die unmittelbare Wirkung orientiert in erschöpfender Weise ALFRED ZÄCH in: W 10, S. 270—411. Diesem Bd ist auch eine Karte mit den vorkommenden Orten beigegeben.

Die frühesten Rezensionen lieferten: ADOLF CALMBERG in: NZZ, 3. Nov. 1876. — HERMANN LINGG in: Die Gegenwart, Nov. 1876. — FELIX DAHN in: Neue Monatshefte f. Dichtung u. Kritik, Jan. 1877. GOTTFRIED KELLERS Urteil in s. Brief vom 3. 10. 1876 (Briefe, Bd 3,1, S. 318) hat besonderes Gewicht.

ADOLF FREY über die 2. Aufl. in: NZZ, 2 Dez. 1878.

Weiteres, auch über CFMs eigene Beurteilung, in: dHCFM, S. 475.

Die neuere Literaturwissenschaft hat sich des Romans wenig angenommen. Es fehlen stilkritische und strukturelle Untersuchungen, die es ermöglichen würden, einerseits dieses Werk von den zahllosen Nachahmungen und Trivialisierungen, die in seinem Kielwasser entstanden sind, abzugrenzen und anderseits seine Bedeutung als historischen Roman und dessen Entwicklung in der Weltliteratur zu erkennen. Auch wurde die vorausgreifende filmisch-sequenzenhafte, den Expressionismus präludierende Darstellungsweise noch zu wenig gewürdigt.

HERMANN BLEULER: CFMs »Jürg Jenatsch« im Verhältnis zu seinen Quellen. Diss. Zürich 1920.,

P. W. WERNER: CFMs »Jürg Jenatsch«. Diss. Marburg 1923; Jb. der Phil. Fakultät Marburg 1923/24.

M. ZIMMERMANN: Meyers »Jürg Jenatsch«, in: Ztschr. f. Deutschkde. 53, 1939.

ERNST METELMANN: Zu CFMs »Jürg Jenatsch«, in: Euphorion Bd 30, 1929, H. 3, S. 403—405.

PAUL SOMMER: Erläuterungen zu CFMs »Jürg Jenatsch«. [3]1939.

GÜNTHER MÜLLER: Über das Zeitgerüst des Erzählens, am Beispiel von CFMs »Jürg Jenatsch«, in: DVjs 24, 1950, H. 1.

G. JOST: Die alpine Landschaft in CFMs »Jürg Jenatsch«, in: NZZ 1946, Nr 539.

B. GARTMANN: Georg Jenatsch in der Literatur. Diss. Bern 1946.

MARIA NILS: Die Entstehung des »Jürg Jenatsch«, in: Sonntagsblatt d. Basler Nachr., 1948, Nr 48.

ALEXANDER PFISTER: Georg Jenatsch. Sein Leben u. seine Zeit. ³1951.
EMIL BEBLER: CFM, ein Dichter der Alpen, in: Die Alpen Jg 25,
1949.
G. BRUNET: S. 124—162.
KARL FEHR: Beim Wiederlesen des »Jürg Jenatsch«, in: NZZ, 1. Nov.
1969; ferner in: Der Realismus in der schweizer. Literatur, 1965,
S. 68—70.

5. Ehe und eigenes Heim. Rehabilitation

In die Zeit zwischen der Veröffentlichung des »Jürg Jenatsch«
in der ›Literatur‹ (1874) und der Erstauflage in Buchform
(1876) fällt CFMs Verlobung und Heirat mit LOUISE ZIEGLER
aus dem Hause Pelikan am Zeltweg. „Die Neigung ist alt, eine
Verbindung aber wurde durch mannigfache Schwierigkeiten
verzögert ... ein vollständiges Zusammenpassen der Neigungen und Charaktere läßt mich den in meinen Jahren schweren
Schritt mit Leichtigkeit und Gewißheit tun", schreibt der Ver-
lobte am 30. 8. 1875 an Hermann Lingg.

LOUISE ZIEGLER hatte damals ihr viertes Lebensjahrzehnt bereits
angetreten. Sie war wohlbehütet im Hause ihrer Eltern aufgewachsen, hatte sich im Hause eines Onkels im Zeichnen und Malen etwas
geübt und war dort zu der Zeit, als die Hutten-Dichtung entstand,
dem Dichter erstmals begegnet. Sowohl nach der sozialen Herkunft
wie nach der finanziellen Stellung gehörte die Familie Ziegler zur
höchsten Rangstufe der bürgerlichen Aristokratie Zürichs. Dies bestimmte auch die späte Annäherung. Man begegnete sich à distance
in steifer Förmlichkeit bald da, bald dort, auch in Mariafeld. Es
scheint, daß BETSY in Sorge um ihren Bruder, dem sie ein Heim und
eine ungestörte Arbeitsstätte wünschte, die flüchtigen Beziehungen
verdichtete; jedenfalls war sie die Vertraute, der der Bruder 1874 in
den Sommertagen in Tschamutt seine Pläne und Hoffnungen anver-
traute. Die Werbung erfolgte nach alten zeremoniellen Förmlichkei-
ten durch Mittelspersonen, und die Verlobung erfolgte auf der seit
Klopstock literarisch berühmten Halbinsel Au.

Auch das Hochzeitsfest am 5. Okt. 1875 in der Kirche zu
Kilchberg und in einem ländlichen Gasthof hoch über den Ufern
des Sees, wo dramatisierte Szenen aus »Engelberg« aufgeführt
und Feuerwerk abgebrannt wurden, entsprach dem hohen gesellschaftlichen Rang des Brautpaars: Für CFM bedeutete dies
nichts mehr und nichts weniger als die volle gesellschaftliche
Rehabilitation nach jahrzehntelangen Demütigungen und Zurücksetzungen. Ob die beidseitige Tiefe und Echtheit der Lei-

denschaft dem äußeren Gepränge entsprach, fiel um diese Zeit weniger ins Gewicht. Die Frage, ob Louise Ziegler den geistigen und seelischen Ansprüchen an eine Dichtergattin gewachsen sein würde, tritt vorerst hinter der Tatsache zurück, daß der seelisch gehemmte, vom Verlust des Selbstvertrauens Bedrohte das gewonnene Selbstbewußtsein nunmehr in der Welt, die ihn umgab, bestätigt und angenommen fand. Die euphorische Stimmung, die sich daraus ergab, kann für das weitere Schaffen nicht hoch genug gewertet werden. Die tragischen Züge, die mit unterliefen, die Entfernung von der Schwester, die ihm durch zwei Jahrzehnte alles gewesen war, und ihr Ersatz durch einen Menschen, dem vorläufig nur das Vordergründige des schriftstellerischen Tuns und Erfolgs verfügbar war, konnte vom Dichter auch dann, wenn er ein größerer Menschenkenner gewesen wäre, um diese Zeit noch nicht wahrgenommen werden. Vorläufig war alles Erfüllung lang versagter Wünsche und in das Licht eines glanzvollen und reichen äußeren Glücks getaucht. Das neue Paar konnte sich, beidseitig über hohe Vermögenswerte verfügend (G. Keller sprach davon, daß sich Meyer eine Million erheiratet habe), eine ungewöhnlich langdauernde Hochzeitsreise leisten. Sie führte über die einstige welsche Wahlheimat CFMs und Lyon nach Marseille und Cannes und von dort nach Corsica, wobei man sich überall reichlich Zeit ließ und schließlich beschloß, auf der Mittelmeerinsel die warme Jahreszeit abzuwarten.

Inzwischen hatte Betsy in *Wangensbach* bei Küsnacht für das junge Paar die Wohnung eingerichtet und hatte sich, ehe es in das neue Heim einzog, ihrerseits zu einer Freundin in die Toscana zurückgezogen.

Auch nach der Rückkehr an den Zürichsee dauerte das gesellschaftliche Leben, gegenseitige Einladungen und kleine Festlichkeiten an, für CFM, der auch alle diese Dinge sehr ernst nahm, keine geringe zeitliche Belastung. Und bald holte der Dichter aus zur letzten Bestätigung seiner seigneurialen Bürgerexistenz: Er sah sich nach den Jahren fortdauernden Wanderns von einer Wohnstätte zur nächsten nach eigenem Grundbesitz um. Ein in einen bescheidenen Herrschaftssitz umgewandeltes Rebbauerngut auf der Höhe von *Kilchberg* an der Vorderkante der leicht seewärts geneigten kleinen Hochebene des Zimmerbergs hatte es ihm bald angetan. Am 17. Januar 1877 ging dieses Ottsche Besitztum in Meyers Hände über. Nach Vornahme erster baulicher Verbesserungen zog er zu Anfang April 1877 von Wangensbach nach Kilchberg hinüber, um dieses Haus auf lichter

Höhe mit weitem Rundblick auf See und Alpenkranz fortan nur noch für befristete Erholungszeiten zu verlassen. „Ich trage meine eigene Erde an den Stiefeln" meldet er am 14. 4. 1877 seinem Rezensenten und Freund Alfred Meissner. Die nächsten Jahre hindurch erweiterte er durch Zukäufe den Grundbesitz und entfaltete eine beinahe unaufhörliche Bautätigkeit. Manchmal macht es den Eindruck, als ob der stete Wandertrieb, der ihn durch die Jahre herumgetrieben hatte, in der architektonischen Unrast eine andere Ausdrucksweise gefunden habe. Jedenfalls widmete er, was ihm an Zeit neben dem langsam fortschreitenden schriftstellerischen Werk verblieb, der Pflege und Obsorge für den Wohnbesitz, der ihm erlaubte, aus vornehmer Distanz und von hoher Warte am Leben und Gedeihen der Vaterstadt teilzunehmen. Besuche von Konzerten, Theater und Veranstaltungen kultureller Vereine waren zugleich angenehme und mit Würde gepflegte gesellschaftliche Verpflichtung und Ausdruck ernsthaftester künstlerischer, wissenschaftlicher und allgemein kultureller Interessen, die sich nun gänzlich aus skrupulösen religiös-moralistischen Hemmungen gelöst hatten. In solcher Weise Mitglied der tragenden bürgerlichen Gesellschaft geworden, leistete CFM seinen Tribut an die materialistisch-utilitaristische Industrie- und Gründerzeit, von deren Fieber seine Vaterstadt in der damaligen Zeit besonders stark ergriffen wurde. Die innere Fortentwicklung sorgte übrigens bald dafür, daß ihm das Künstliche, Fassadenhafte, Bedrohlich-Brüchige wieder bewußt wurde. Bald auch sollte sich zeigen, daß das strenge und zähe Festhalten an dem, was er sich erworben, eine unabdingbare, existenzerhaltende Notwendigkeit war, eine Notwendigkeit, die allein dazu angetan war, ihn vor chaotischen Verwirrungen zu schützen. Allein die materielle Unabhängigkeit und Bewegungsfreiheit ermöglichten den für ihn so notwendigen Kräftehaushalt und die Konzentration auf das dichterische Tun.

IV. Reifezeit (1875—1887)

1. »Der Schuß von der Kanzel«

Erster künstlerischer Ausdruck des neuen Hochgefühls ist die einzige Novelle, die dem Genre der idyllischen, wenn nicht gar der humoristischen Novellen zugeordnet werden muß: »Der Schuß von der Kanzel«. Stofflich ist sie aus der Beschäftigung mit dem Jenatsch-Stoff herausgewachsen, nimmt sie doch die Figur des Locotenenten (Leutnants) Joh. Rud. Wertmüller, die namentlich im zweiten Buch des »Jürg Jenatsch« an nicht wenigen Stellen hervortritt, auf und schildert eine fiktive Episode aus seiner letzten Lebenszeit — darin dem »Hutten« nicht unähnlich —, aber von ungleich fröhlicherer Tonart. 1873 gedachte er, einem Brief Betsys an Haessel (vom 5. 5.) zufolge, diesen Stoff vor dem Jenatsch in Angriff zu nehmen, wohl als Ausweich-Thema, als ihm die Bündnergeschichte zu schwer schien. Schließlich gab er dieser doch den Vorrang, und erst gegen Ende 1876, als »Jürg Jenatsch« eben erschien, wandte er sich dem Wertmüller-Novellenstoff wieder zu und gab seinem Freunde H. R. Rahn das Versprechen ab, ihm für den ersten Jahrgang des neu geplanten Zürcher Taschenbuches eine humoristische Novelle zu schreiben.

Daß sie zustande kam und nicht wie so viele andere Pläne wieder beiseite gelegt wurde, ist als ein abermaliges Zeichen seiner Rehabilitation durch die Vaterstadt zu verstehen. Nach Gottfried Kellers »Züricher Novellen« wünschte auch er seiner Heimat einen Tribut zu entrichten; aber gerade die Gefahr, daß er mit Keller in Beziehung gesetzt werden könnte, erweckte in ihm neue Hemmungen, und zunächst dachte er (Anfang 1877) mit Unlust an das Versprechen, das er den Schriftleitern des geplanten Almanachs gegeben hatte. Aber nach dem Einzug ins Heim auf lichter Höhe und in der Hochstimmung glücklicher Geborgenheit ließ er sich doch vom Stoff hinreißen. Einmal vom Hauptmotiv, dem Schuß, einem idealen Novellen-Motiv im Sinne von Heyses ,Falken', gepackt, wurde er von der barocken, weltfreudigen Stimmung so sehr fasziniert, daß er sich, wie er sich am 8. August ausdrückt, völlig vergaß. Das „tolle Zeug", das ihm „eigentlich nicht zu Gesichte stehe", belustigte ihn aber, wie er am 6. Juni schreibt, herzlich. Wie kaum je sonst fühlte er sich über dem Stoff und hatte damit einen Punkt seines Humors, seines Über-den-Dingen-Stehens erreicht, wie er ihm wohl nur dieses eine Mal zuteil wurde. Der sprachliche Einfallsreichtum und die geschickte Ausnützung der Situationskomik macht denn auch die Lektüre immer wieder genußreich. Die überlegene Koboldfigur des Generals, oder wie Meyer ihn selbst nannte, „eine Art Rübezahl" und sein unbeholfener, aber doch geistreich-sympathischer Gegenspieler Pfannenstiel, der Pfarrer von Mythikon mit seiner verhängnisvollen Jagdleidenschaft, dessen Tochter Rahel und der Krachhalder, der Kirchenälteste der Gemeinde, sie alle stehen als gerundete, natürliche Persönlichkeiten in diesem barock-überquellenden Figurenspiel. Daß diese Freier-Novelle, ein beliebtes gesellschaftliches Modethema seit dem Biedermeier (vgl. Kellers »Landvogt von Greifensee«), als Spielbühne den Ort auswählt, wo sich Meyer selber zwei Jahre vor der Niederschrift verlobt hatte, zeigt nur, wie sehr der Dichter zu sich selbst zurückgefunden hatte und seine eigene mit der historischen Welt zu verbinden vermochte. Auf seine einmal erreichte gesellschaftliche Stellung bedacht, bemühte er sich dabei ängstlich, trotz zahlreicher Anspielungen — hatte er doch sogar sein eigenes Heim als Pfarrhaus von Mythikon in die Geschichte eingeschmuggelt — jede Möglichkeit persönlicher Bezugnahme vorweg auszuschalten. Dies gelang ihm durch die zahlreichen „Verfremdungen" der heimatlichen und persönlichen Welt, wozu der alte Spötter, Haudegen und Freigeist Wertmüller, den er vor das Abbild seiner selbst, den Kandidaten Pfannenstiel, setzte, die günstigste Voraussetzung bot.

Nach der Veröffentlichung bemerkte er (an Wille, 4. 12. 1877), das Komische hinterlasse bei ihm immer einen bitteren Nachgeschmack, „während das Tragische mich erhebt und beseligt". Kleinliche Sticheleien, u. a. die Reaktion eines Nachkommen der Wertmüllerschen Familie, der in den Archiven nichts von einem Schuß gefunden hatte, und der Vorwurf einiger Überfrommer, er habe seinen Spott mit der Kirche getrieben, schienen auch in diesem Falle den bitteren Nachgeschmack zu bestätigen. Und doch steht unzweifelhaft fest, daß die Novelle eine Fähigkeit freigelegt hat, auf die der Dichter wohl selbst nicht gefaßt war. Der Humor dieser Novelle, seltenste Frucht des glücklichen Augenblicks, läßt einen Zug von Meyers geistiger und sprachlicher Souveränität erkennen, den wir gerade ob seines Seltenheitswertes am Bilde dieses Dichters nicht missen möchten. Wenn CFM dem ungeteilten Ruhm der Novelle mit höchst gemischten Gefühlen begegnet, dann wird daraus klar, wie wenig er sich selber kannte und wie stark das Bild, das er von sich selbst trug, noch von den pietistisch-moralistischen und lebensfremden Anschauungen geprägt war, die ihm seine Jugend umdüstert hatten.

Die Niederschrift und die Reinschrift durch die Schwester Betsy erfolgte in der kurzen Spanne zwischen Mai und August 1877. Fristgerecht ging das Manuskript am 1. Sept. an die Redaktion des Taschenbuches ab und sofort in Druck. Gegen den Versuch, die Novelle ganz in den Schatten des »Jenatsch« zu stellen und ihr damit als dessen Anhängsel von Anfang an ihren Eigenwert zu nehmen, setzte sich HAESSEL mit Recht zur Wehr.

Obwohl Meyer selbst die Veröffentlichung in der ›DR‹, die ihm deren Redaktor, JULIUS RODENBERG, anbot, ablehnte, um sein nun einmal gewonnenes ‚Image' in Deutschland damit nicht zu verstellen, war und blieb »Der Schuß von der Kanzel« eine der beliebtesten Novellen.

Literatur:

WOLFGANG MERCKENS: Der Schuß von der Kanzel, in: Fabula 1, 1957, H. 1/2. (Über die Herkunft des Titelmotivs.)

ALFRED ZÄCH in: W. 11, S. 249—264. (Ein Stich, ›J. R. Vertmyler‹, hängt als Nachlaß-Stück im Arbeitszimmer CFMs in Kilchberg; reprod. in: W. 11, S. 260.)

BRUNET, 1967, S. 181—198.

2. »Der Heilige«

Der Figur Thomas Beckets, des Erzbischofs von Canterbury, begegnete Meyer zum erstenmal im Zusammenhang mit seiner Übersetzertätigkeit.

Es besteht hohe Wahrscheinlichkeit, daß er sich damals, als er die »Récits des temps Mérovingiens« übersetzte (1853), schon mit den übrigen Werken Augustin Thierrys beschäftigte und daß er die »Histoire de la conquête de l'Angleterre« gelesen hat. Doch ist dies nicht ganz gesichert, da CFM in seiner eigenen Bibliothek die 11. Aufl. vom Jahre 1866 besaß. Ernsthafter hat er sich mit dem Plan erst nach Abschluß des »Jürg Jenatsch« auseinandergesetzt.

Eine erste Niederschrift erfolgte nach dem Brief an H. Lingg v. 27. 5. 1875 in der zweiten Hälfte des Jahres 1874 und zu Anfang des Jahres 1875. Dann aber legte er den Entwurf beiseite. Verlobung und Heirat und die Einrichtung des neuen Heimes in Kilchberg mögen dafür die vordersten Gründe sein. Der düstere Stoff paßte nur schwer in die neue heitere Weltstimmung und in die gesellschaftliche Rehabilitation. »Der Schuß von der Kanzel« entsprach seinem damaligen

Lebensgefühl besser. Auch nahm ihn der Comtur-Stoff, während er noch im Wangensbach bei Küsnacht wohnte, stärker gefangen: Zwingli, die Reformation und ein geschichtlicher Stoff aus nächster Nähe. Das stand nun im Vordergrund.

1877 nahm Meyer das beiseite Gelegte wieder vor und wurde von dem mittelalterlichen Stoff aus der englischen Geschichte mächtig ergriffen. Die Auseinandersetzung zwischen geistlicher und weltlicher Macht, die Rückspiegelung der zeitgenössischen und der persönlichen Säkularisation in ein von Magie und Rücksichtslosigkeit bestimmtes, von mächtigen religiösen und politischen Spannungen geladenes Jahrhundert gab ihm Anlaß zu einer bedeutenden Vertiefung und Erweiterung des Stoffes. Erneut tat sich eine Welt fern von jeder sittlichen Festigung auf, eine Welt, in der die unmittelbaren Klüfte zwischen den menschlichen Temperamenten weit auseinanderklafften. Die Visionen des Grausamen und Abgründigen, das im Menschenwesen enthalten ist, verdrängte das Idyllische wieder so sehr, daß sich der Dichter nach einer Möglichkeit umsehen mußte, das Grauenhafte durch eine Spiegelung in einem erzählenden Medium zu mildern. Und hier ließ sich — mit der Figur Hans des Armbrusters und des Chorherren Burkhard — doch noch eine Brücke zur heimatlichen Stadt schlagen. Die Figur des Armbrusters, eine reine Erfindung des Dichters, ein natürliche, unverbildete Gläubigkeit und gesunden Menschenverstand in sich vereinigender Mensch, sollte die Naivität einer schlichten epischen Erzählweise sicherstellen. Armbruster sollte berichten, was er mit eigenen Augen gesehen, ohne zu urteilen und zu richten, und damit dem Leser die (fiktiven) historischen Fakten so vorlegen, daß er sich selbst ein Bild von den betörenden, abstoßenden und doch innerlich konsequenten Vorgängen machen könnte. Das Streben nach einem streng objektiven Stil gewann damit im »Heiligen« einen neuen Höhepunkt.

Dadurch aber, daß Becket aus außerchristlicher islamisch-maurischer Welt herkommt und einem Abkömmling eines kaum erst christianisierten Normannenstamms gegenübergestellt wird, sind die menschlichen Gegensätze vertieft und ist die Christlichkeit des Ganzen, auch die des heiligen Thomas, völlig relativiert. Das Christentum wird zu einem Akzidens, das die menschlichen Temperamente zwar färbt, aber noch nicht in ihren letzten Entscheidungen zu bestimmen vermag. Nach der Schändung und dem Mord an Grace, der Tochter Thomas Beckets, ist es auch nicht etwa der Islam, der das Christentum überdeckt, es ist ganz einfach der in seiner tiefsten Seele betroffene Mensch

Thomas, der zu seinen Entscheidungen gedrängt wird. Die Rolle des Erzbischofs, die ihm dabei vom König aufgezwungen wird, spielt ihm dabei automatisch die Macht der Kirche in die Hände. Damit kommen die Mächte, welche die Geschichte des Hochmittelalters bestimmen, zwischen König und Kanzler zum Austrag.

Im Versuch, die religiöse Welt des Mittelalters im Handeln der beiden Gegenspieler zu entthronen und als Vorwände der Macht und Spiegelungen seelischer und vitaler Abgründe bloßzustellen, hat der Dichter, wie er es in einem Brief an Gottfried Kinkel äußert, beinahe selbst seinen „Rest von Religion verloren". Der Ausdruck ist durchaus ernst zu nehmen. Thomas und der König leben ihr vor der Welt als christlich geltendes Leben ohne echten Glauben an die Transzendenz. Wenn sich der Dichter, wie er mehrmals betonte, fasziniert von der Gestalt des Heiligen, mit ihm identifizierte, so bestand für ihn durchaus die Gefahr, die eigene, so mühsam erkämpfte Glaubensgewißheit wieder zu verlieren und sich zu säkularisieren.

In seinem Brief vom 10. Mai 1879 redet Meyer davon, daß er im »Heiligen« das Mittelalter „fein und gründlich verspottet" habe. Wenn wir für verspotten das Wort ‚ironisieren' verwenden, dann verstehen wir, was er damit meint. Und wir dringen noch etwas tiefer ein, wenn wir diese Ironisierung eines Zeitalters ausdehnen in Richtung auf die Ironisierung seiner selbst, eben in dem, was wir mit der Säkularisation seiner religiösen Welt meinten.

Damit weist dieses Werk wie kein anderes vorwärts in das analysierend-psychologische Denken des 20. Jhs. Die Subtilität der Charakterzeichnung, die Darstellung der psychologischen Wandlungen und das Raffinement in der Wiedergabe der zwischenmenschlichen Reaktionen weisen in dieselbe Richtung. Das Verhalten des Kanzlers im Prozeß gegen die schwarze Mary, die Hexe, läßt überdies erkennen, daß für CFM in Hexenverfolgungen und Heiligenverehrung dieselben kollektiven Wahnillusionen sichtbar werden. Thomas Becket ist sich über die Heiligkeit, die seiner Person angedichtet wird, völlig im klaren, im Sinne der modernen psychologischen Sehweise. Noch mächtiger wohl als bei der widersprüchlichen Figur des Jürg Jenatsch traten dem Dichter in den beiden Gestalten des Königs und seines Kanzlers die Abgründe des Menschlichen an sich entgegen: „Es gibt Augenblicke, da mir gleichermaßen graut vor dem, was die Menschen sind, und vor dem, was sie sich zu sein einbilden" (W 13, S. 39), läßt er den Kanzler sagen, und damit wird der moderne Zweifel an der Identität des Menschen, wie er im »Steppenwolf« Hesses und in den Werken Franz Kafkas und Max Frischs manifest wird, bereits in aller Deutlichkeit sichtbar. In der dauernden Angst um den Verlust der eigenen Identität im psychotischen Wahn erkannte CFM die unheimlichen Möglichkeiten und versuchte aus seiner gefährlichen Lage heraus die widersprüchliche historische Überlieferung durch psychologische Vertiefung und Verfeinerung zu verstehen. Dabei sind die beiden Hauptfiguren der Novelle zu wirklichen Meisterleistungen psychologischer und anthropologischer Zeichnung geworden, einer Zeichnung, die zugleich stets Deutung ist.

Im »Heiligen« ist die Konzentration auf wenige Figuren und des Handlungsablaufs im Vergleich zum »Jenatsch« intensiviert und durch die Einführung einer Rahmenhandlung die Objektivierung verfeinert worden. Im Streben nach dieser parteilosen fiktiv-historischen Objektivität versucht er — und darin scheint er den Intentionen des Spätrealismus noch durchaus verhaftet zu sein — den *beiden* tragenden Figuren gerecht zu werden und ihre menschliche Widersprüchlichkeit, ihre Stärke und Schwäche in gleich objektiver Weise zur Geltung zu bringen. Das „Unheldische" im Helden Thomas wird mit der gleichen Deutlichkeit herausgearbeitet wie das Menschliche im Unmenschen Heinrich ins Licht gestellt wird. Darin liegt ein primäres Kennzeichen von Meyers Stil. Ein Heldenpathos, wie es gerade in jenen Jahren nach dem deutschen Sieg über Frankreich aufkam, und ein romantischer Nationalismus bleiben wenigstens von seinem Prosastil fern.

An der Verführungsszene, die in der überprüden zwinglianischen Gesellschaft seiner Vaterstadt, ja sogar bei Gottfried Keller (vgl. Br. an Frey v. 6. 12. 1879) Antoß erregte, dürfte sich heute wohl kaum mehr ein Leser stoßen. Vom anthropologischen Gesamtverständnis aus wird der „Notzuchtsfall", wie ihn Keller bezeichnet hat, zum mindesten ausreichend motiviert: Der König, vom Wesen seiner angetrauten Gattin angewidert, gewohnt, nirgends, wo er hinkommt, auf Widerstand zu stoßen, ein vitaler Naturmensch, mehr seinen Trieben und Gefühlen ausgeliefert als von Gedanken gelenkt, kennt Skrupel nicht und ist sich der zerstörerischen Tragweite seines Tuns nicht bewußt.

Neben dem Spontanen, natürlich Gewachsenen, das CFM in Beziehung auf die Entstehung dieser Novelle hervorhebt (so an Haessel am 16. 4. 1887), betont er mehrfach eine Art Besessenheit (so im Gespräch mit Fritz Koegel; W 13, S. 301), eine Faszination, von der er bei der Niederschrift ergriffen wurde.

Eine Zeitlang schirmte er sich förmlich gegen eine positive oder negative Kritik ab (so in einem Brief an Rahn v. 31. 5. 1878). Dann hatte er wieder das Gefühl, als dränge sich die Figur des Heiligen förmlich auf und er müßte sie sich vom Halse schreiben (so an Koegel). Trotzdem oder gerade deshalb fühlte er sich auch höchst unsicher, zögerte mit der Veröffentlichung in der ›DR‹ aus Angst um sein Prestige und erkundigte sich, kaum daß die Rundschau-Nummer erschienen war, nach den Urteilen des deutschen Publikums, die ihm um so wichtiger erschienen, als eine verständnislose Besprechung Jakob Bächtolds in der ›NZZ‹ die Abneigung seiner Vaterstadt gegen das Werk geschürt hatte. Anderseits konnte er sich nicht enthalten, den Verleger nach dem Eintreffen der ersten anerkennenden Urteile ob seiner grämlichen Bedenken, das Werk könnte unpopulär wirken, zurechtzuweisen — übrigens, wie die rasche Abfolge der Auflagen zeigte, mit gutem Recht: »Der Heilige« hat bis zu Meyers Tod 16 Auflagen erlebt.

»Der Heilige« war bis zu »Angela Borgia« das letzte Werk, an dem Betsy als Sekretärin lebhaften Anteil nahm, obwohl sie zunächst vom Inhalt der Novelle betroffen war. Meyer diktierte ihr in Meilen das Werk kapitelweise in die Feder, und Betsy informierte Haessel über den Fortgang der Arbeit. Dagegen hat sich von einer Anteilnahme seiner Gattin keine Spur erhalten.

Literatur:

Ältere Literatur s. bei dHCFM, S. 491; weitere Literatur s. bei A. Zäch in: W 13, S. 280—369.

Wolfgang von Einsiedel: Bemerkung zu CFMs »Der Heilige«, in: Die schöne Literatur 26, 1925, Okt., S. 450—454.

Max Nussberger: CFMs Heiliger und die Sage von der schönen Rosamunde, in: Die Literatur 33, 1930.

R. Travis Hardaway: CFMs »Der Heilige« in relation to its sources, in: PMLA LVIII, 1943, S. 245—263.

Fritz Büschel: Thomas Becket in der Literatur, in: Beitr. z. engl. Philologie 1963, H. 45, S. 132.

Walter Silz: Meyer »Der Heilige«, in: Interpretationen, Fischer-Bücherei Bd 721, 1966.

Brunet, 1967, S. 200—227.

Walter Hof: Beobachtungen zur Funktion der Vieldeutigkeit in CFMs Novelle »Der Heilige«, in: Acta Germanica, Jb. d. südafrikan. Germanistenverbandes, Bd 3, 1968, S. 207—223.

3. »*Plautus im Nonnenkloster*«

Die Niederschrift dieser Novelle füllte die Frühlings- und Sommertage des Jahres 1881. Auch sie bedient sich zwar des historischen Gewandes, ist aber nach des Dichters eigenem Bekenntnis „von A bis Z meine Erfindung. Nichts ist irgendeiner Quelle entnommen" (Brief an F. v. Wyss vom 12. 11. 1881). Er nennt das kleine Werk selber ein „Novellchen", „stichfest, aber unbedeutend", wie er sie Gottfried Keller gegenüber vor ihrem Erscheinen in der ›DR‹ bezeichnet. Ihr Redaktor RODENBERG war der einzige, der dem kleinen Werk ungeteilte Anerkennung zollte. Er fand sein Urteil in der ›Saturday Review‹ (Br. vom 19. 11. 1881) bestätigt: Es sei der beste Beitrag der Rundschau-Nummer, „ganz aus dem Geist der Renaissance geschrieben". Als „eine Facetie des Poggio" sollte sie in der ›DR‹ erscheinen. Aber CFM hatte weder zuvor die »Facetien« des Poggio Braccolini gelesen, noch sich je mit der Komödie »Aulularia« des Plautus, um deren Handschrift es in der Novelle geht, beschäftigt. Er hatte sich — das ist die einzige zuverlässig nachweisbare Quelle — lediglich im »Dictionnaire universel et de géographie« von M.-N. Bouillet (Paris 1842), das er selber besaß, über Poggio und über Plautus informiert. Das ist bei Meyer in diesem Falle erstaunlich, da er sich sonst so gründlich wie möglich zu orientieren pflegte. Auch mit Beziehung auf das historische Gerüst der Renaissance, das der Novelle nach Rodenberg die besondere Stimmung verleiht, begnügt sich Meyer mit Andeutungen, ist doch nicht einmal der Ort, wo Poggio der Hofgesellschaft des Cosimo Medici seine Facetie erzählt, eindeutig; der Dichter spricht lediglich von „einem" Casino der medicäischen Gärten, vor dem die Hofgesellschaft versammelt gewesen sei.

Daß er seinem Novellchen die Gestalt einer Facetie zu geben versucht, einer literarischen Form, die eher der französischen als der italienischen Literatur angehört, läßt bereits tiefere Schlüsse zu: Hier besteht zwischen dem Fund, den Poggio im Nonnenkloster Monasterlingia macht, und der Art seiner Darstellung vor der Florentiner Hofgesellschaft eine gewisse Übereinstimmung: die Freiheit des Komödianten, auch Dinge zu sagen, welche die Dezenz einer gesellschaftlichen Konvention überschreiten. Dies hat die Facetie auch vor der plautinischen Komödie voraus, daß sie, dem Geiste der Renaissance entsprechend, auch das Witzige zur Satire schärfen kann. Offenbar ging es Meyer um diese Freiheit der Satire. Zugleich erlaubte ihm das historische Milieu wiederum die Tarnung des Ureigensten, das er hier aussagen wollte.

So besehen, gewinnt die Entlarvung des Kreuzeswunders, die ja den eigentlichen ‚Falken' der Novelle darstellt, ihre tiefere persönliche Bedeutung. Wenn wir nämlich bedenken, welches Gewicht das Dulden, die Demütigung und die Entsagung in der Jugend Meyers spielt, dann wird die kleine, „rein erfundene" Erzählung Poggios zum Bekenntnis des Dichters zu seinem eigenen Aus- und Durchbruch aus der klösterlichen Frömmelei in der Mutterwelt zum echten Leben. Dann ist die natürlich-frauliche Gertrude die Inkarnation des Ja zur Welt, wie es durch das Italienerlebnis dem Dichter zugebracht und durch den säkularisierten Geist des Jahrhunderts gestützt wurde. Die Symbolik des Kreuzes wird dabei faßbar: Das wahre Kreuz Christi ist vom natürlichen Menschen nicht tragbar. Wer es dennoch zu tragen vorgibt, bedient sich eines Ersatzes und entwürdigt das Wunder zur Farce und zum frommen Betrug. Die junge, wahrhaft fromme Gertrude bricht unter dem echten Kreuz, das niemand zu tragen vermag, zusammen, aber nimmt dafür die Fährnisse des natürlichen Lebens auf sich und folgt ihrem geliebten Hans von Splügen in die Ehe. Die Tarnung mit Geist und Stimmung der florentinischen Renaissance schafft für die Satire auf die Frömmelei die Distanz, das schweizerische Milieu gibt der Binnenhandlung die Plastizität. Die robuste, in ihrer Grobschlächtigkeit durchaus nicht unsympathisch wirkende Äbtissin aus dem Appenzellerland, das schlaue Brigittchen von Trogen, scheint ihrerseits schon ein Stück Renaissance vorwegzunehmen. Die haushälterische Art, wie sie am Schluß (W 11, S. 162) die Trümmerstücke des „Gaukelkreuzes" für die Küche in einem Korbe sammelt, macht auch ihren frommen Betrug verständlich und nötigt uns ein Lächeln ab. Was sie mit trügerischem Sinn wie ihre Vorgängerinnen unternahm, tat sie um des Klosters Monasterlingia willen, dem sie als eine wirkliche Mutter vorstand. Zugleich wird durch die Wahl Martins V. zum Papst am Konzil von Konstanz (1414—1418) das gefährliche Schisma überwunden und werden die inneren Zerfallserscheinungen der Kirche, wie sie im frommen Betrug Brigittchens manifest geworden, behoben. Noch einmal scheint die Kirche in der feierlichen Verkündigung Poggios „Habemus pontificem Dominum..." zu triumphieren oder wenigstens mit dem äußeren Glanz die zerfallende Magie kirchlicher Mysterien zu übertönen. Insofern gelingt dem Dichter die völlige Identifikation seines tiefsten Anliegens mit dem historischen Geiste der Renaissance, weshalb er denn auch auf die Kritik seines Freundes F. von Wyss die Echtheit mit einer ungewöhnlichen Schärfe verteidigt (Br. v. 21. 11. 1881). Indem er die Objektivität der Figuren hervorhebt und den Vorwurf zurückweist, er verletze die Gefühle der katholischen Welt mit einer so grobschlächtigen Entlarvungsnovelle, verteidigt er noch einmal — wohl unbewußt — sich selber, und man kommt nicht um den Eindruck herum, daß ihm dies nur zum Teil gelinge und daß die Entlarvung heuchlerischer Frömmelei doch der tiefste Beweggrund sei.

Literatur:

ERNST KALISCHER: CFMs Verhältnis zur italien. Renaissance. 1907.
WALTER KÖHLER: CFM als religiöser Charakter. 1911.
E. WALSER: Die Entstehung von CFMs Novelle »Plautus im Nonnenkloster«, in: Wissen u. Leben 15, 1921/23, u. in: Ges. Studien, 1932.
OLIVIA HOFFMANN: Die Menschengestaltung in CFMs Renaissancenovellen. 1940.
BRUNET, 1967, S. 230—250.
Im übrigen s. A. ZÄCH in: W 11, S. 265—278.

4. »Gustav Adolfs Page«

CFM beschäftigte sich das erste Halbjahr 1882 mit diesem Novellenstoff. „Es ist seltsamerweise keiner meiner jahreher bewegten Stoffe, sondern ein plötzlich entstandener und ohne Unterbruch ausgeführter Gedanke" (an Rodenberg am 4. 7. 1882). Er habe die Novelle geschrieben, A. F. Gfrörers »Geschichte Gustav Adolfs, König von Schweden und seiner Zeit« (1837) neben sich aufgeschlagen, schreibt er am 5. 11. 1882 an Rodenberg. Die beiden Angaben widersprechen sich nicht, sondern lassen erkennen, wie sehr CLAUDE DAVID (in seiner »Geschichte d. deutschen Literatur zwischen Romantik und Symbolismus«, 1966) recht hatte, wenn er auf das Unhistorische in Meyers historischen Novellen hinweist. Die Geschichte Gustav Adolfs war hier nur das Gitter, in das der Einfall eingespannt wurde. Die Figur der Gustel Leubelfing, so irreal sie auch war, sollte ganz der historischen Realität eingepaßt, als völlig subjektivistische Projektion mit historischem Raster getarnt werden.

Die Figur selbst ist freilich nicht von Meyer erfunden, sondern entstammt im wesentlichen einem Dramenentwurf HEINRICH LAUBES, den dieser in der Einleitung zu seinem Drama »Monaldeschi« erwähnt und ausdrücklich auf das Motiv der als Page verkleideten Nürnbergerin hinweist (der Nachweis dieser Quelle stammt von E. Ermatinger); nur ist es bei Laube nicht eine Cousine August Leubelfings, sondern die Bürgermeisterstochter. Meyer entlehnt also das Motiv der verkleideten Nürnbergerin, die dem König aus Liebe ins Lager folgt, von einem anderen Dichter — den er übrigens sehr verehrte — und wandelt es selbständig auf seine Weise ab. Der Fund bei Heinrich Laube war übrigens wohl der Hauptgrund, der Meyer dazu veranlaßte, den Dramenplan um Gustav Adolf, den er jahrelang gehegt hatte, beiseite zu werfen und sich auf das ihm gemäßere Novellenthema zu beschränken (Näheres bei Zäch in: W 11, S. 222—226). Spuren dramatischer Bemühungen um den Stoff haben sich wohl auch in der Novelle erhalten: Einzelne Kapitel (z. B. gleich das erste) nehmen die Form szenischer Bilder an. Einige unter ihnen wie der Besuch Wallensteins beim König oder der kontrastierende Auftritt mit der Slavonierin gehören zu den üblichen Stilmitteln dramatischer Antithetik und wirken im Erzählzusammenhang eher übersteigert.

Um das Bild Gustav Adolfs — offenbar für Meyer seit langen Jahren, wahrscheinlich sogar seit seiner Jugend wie Coligny und Herzog Rohan einer Welt des makellosen Protestantismus zugehörend — so rein wie möglich zu erhalten, mußte er die Täuschung über das Geschlecht ungebrochen durchführen. Um die Wahrscheinlichkeit der Täuschung zu erhöhen, läßt ihn Meyer kurzsichtig sein.

Der Reiz der Novelle liegt in der Mischung von Intimsphäre und königlicher Gestik. Für den König, der zu allen Menschen seiner Umgebung trotz seinem moralischen Purismus eine persönliche Beziehung hat, entwickelt sich das Verhältnis zu seinem jugendlichen Leibpagen Gustel in eine Form väterlicher Verantwortung und Zärtlichkeit. Gustel Leubelfing tritt sozusagen an die Stelle seiner siebenjährigen Tochter, die er im Lager entbehren muß. In bezug auf die schöne Nürnbergerin, die für ihren memmenhaften Vetter in die Dienste des Königs getreten ist, läßt der Dichter keine Zweifel offen. Ihre schwärmerische Verehrung für Gustav Adolf ist zu verzehrender Glut geworden, und ihre Flucht aus dem Pagendienst eine Flucht vor sich selbst aus einer für sie unerträglich gewordenen Spannung. Zweifellos ist die antibürgerliche, in die Zeit des Dreißigjährigen Krieges sehr wohl passende Devise, auf die der Page den König verweist, das tragende Novellenmotiv: „Courte et bonne". Die entscheidende Vertiefung aber erfährt es am Ende des zweiten Kapitels: „So fristete er (Gustel Leubelfing) sich und genoß das höchste Leben mit der Hilfe der Todes." Da das Leben dieser Liebe des Pagen zum König eine Verwirklichung versagt, sucht die Liebende die höchste Erfüllung im letzten Einsatz für das geliebte Leben und im gemeinsamen Tod auf dem Schlachtfeld.

CFM hat in dieser Novelle einen Grundakkord seines Dichtens angeschlagen. Es sei nur auf die zwei Gedichte hingewiesen, die denselben Akkord variieren: das Gedicht, das eine Erinnerung an den Winter in Venedig festhält: »Auf dem Canal grande«, und das Gedicht, das den letzten Bernardino-Aufenthalt zum Hintergrund hat: »Noch einmal«. Das Bewußtsein eigener Bedrohnis und später, nur kurze Erntezeit versprechender Reife und die Furcht vor Wiederausbruch seelischer Krisen ließen ihn immer wieder Gegenbilder intensiven Lebens und jähen Todes entwerfen. Ein satirischer Nebenklang ist dabei unüberhörbar: In der feigen Auslieferung ihrer Verwandten an das gefährliche Leben in der Nähe des kriegerischen Königs und in der ängstlichen Sorge von Vater und Sohn Leubelfing um die Sicherung ihres Vermögens wird die geschäftsfreudige bürgerliche Welt mit ihrem feigen Muckertum karikiert und damit auch ein Stück von Meyers eigener Welt ironisiert.

Literatur:

Die Novelle fand ebenso begeisterte Zustimmung wie entschiedene Ablehnung. PAUL HEYSE nahm sie nach Überwindung der Schwierigkeiten mit dem Verleger Haessel im Jahre 1886 in den von ihm herausgegebenen ›Neuen dt. Novellenschatz‹ auf. LOUISE VON FRANÇOIS, mit der CFM bereits in lebhaften Briefwechsel getreten war, lehnte sie als zu episodenhaft für einen so bedeutenden Stoff ab. Besonders scharf geht WYZEWA mit der Novelle ins Gericht: Un romancier suisse, in: Revue des deux mondes, Tome 152, 1899. Ferner:

ADOLF FREY: Drei Novellen von CFM, in: NZZ, 21. 12. 1883.

EMIL ERMATINGER: Eine Quelle zu CFMs »Gustav Adolfs Page«, in: Das literar. Echo. Jg 19, 1916, H. 1.

A. BURKHARD u. H. H. STEVENS: Meyer revels himself. A critical Examination of G. Ad. Page, in: The Germanic Review XV.

BRUNET, 1967, S. 252—268.

Im übrigen s. A. ZÄCH in: W. 11, S. 279—342.

5. Die Gedichte

„Ich bin zeither in meinen neuen Räumen (er hatte an seinem Haus bedeutende Erweiterungen vorgenommen) ungeheuer tätig gewesen, aber leider ganz oder fast ausschließlich an meiner Gedichtsammlung, die absolviert sein *muß*. Dann geht es sofort an die Beendigung der Novelle (»Gustav Adolfs Page«) für die R (›DR‹)", schreibt CFM am 18. Mai 1882 an Julius Rodenberg. Mit der Gedichtsammlung meint er jenes Buch, das Meyers Nachruhm am stärksten begründet hat. Daß ihn eine innere Nötigung zu diesem Band *»Gedichte«* trieb, ergibt sich aus diesem „muß". Es ging ihm aber um diese Zeit, das heißt im Laufe der Jahre 1881 und 1882, in erster Linie um die *Ordnung* der Gedichte, um ihre Bereinigung und sinnvolle Aufreihung. Denn der weitaus größte Teil jener Gedichte, die im Okt. 1882 im Druck erschienen, war zuvor entweder bereits in bekannten oder auch entlegenen Zeitschriften veröffentlicht worden oder lag wenigstens in einer Fassung von eigener oder seiner Schwester Hand vor. Gedichte begleiteten in einem fortwährenden Strom seit dem Erscheinen der »Romanzen und Bilder« die Entstehung der größeren Versdichtungen und des Prosa-Werkes. Wir dürfen uns dabei von den eher abfälligen Äußerungen des Dichters über seine kleineren „Sächelchen" (so etwa im Brief an Louise von François vom 10. 5. 1881 und vom 22. 5. 1882) nicht beirren lassen, zumal den verkleinernden Äußerungen auch Zeichen hoher Wertschätzung gegenüberstehen (so im Brief an Rodenberg vom 12. 10. 1882). Ein klares, wenn auch einschränkendes Wertbewußtsein seinen Gedichten gegenüber zeigt sein Brief an Hermann Lingg vom 31. 8. 1882: „In den Gedichten bin ich im Druck bis pag. 200 gekommen (. . .) und vollende sorgfältig, da die Sächelchen in der Tat nur durch einen Schein von Vollendung erträglich werden." Wer sich bewußt ist, welche Bedeutung dem Verb ,vollenden' in Meyers Briefsprache zukommt, wird das Zeugnis aufgewandter Mühe darin nicht unterschätzen.

Den ersten Plan zur Anlage eines Bändchens »Gesammelte Gedichte« faßte CFM schon während der Arbeit an »Jürg Jenatsch« 1873 (Brief an Rahn vom 29. 8. 1873). Aufschiebende Wirkung — und zwar über beinahe ein Jahrzehnt — hatten vor allem die Bedenken des Verlegers Haessel. Er beurteilte einen Bucherfolg äußerst skeptisch. Er enttäuschte den Dichter mit demütigenden Honorarvorschlägen und zeigte sich gleichzeitig verärgert darüber, daß Meyer seine Gedichte in allerhand mehr oder weniger obskuren Zeitschriften veröffentlichte. In Wirklichkeit scheint Haessel Wert und Qualität von Meyers lyrischem Schaffen noch weniger erfaßt zu haben als den seines Prosa-Oeuvres. Gerade in Beziehung auf die Gedichtpublikation läßt sich Haessels kleinlicher, ängstlich auf den Geschäftserfolg bedachter Sinn nicht übersehen. Denn als er, beeindruckt vom Erfolg der übrigen Schriften, schließlich seinerseits den Druck einer Gedichtsammlung vorantrieb, zeigte er sich in bezug auf die Wahl des Formates und der Drucktypen als ein knauseriger Sparer und klagte, als CFM die Korrektur mit peinlichster Sorgfalt besorgte, wenn dies so weitergehe, so breche ihm seine gesamte Kalkulation zusammen. (Näheres darüber bei ZELLER in: W 2, S. 8—13.)

Der lange Aufschub zeitigte aber auch seine Früchte: Die gerade in jenen Schaffensjahren nach der Erstveröffentlichung von »Hutten« rasch zunehmende Sicherheit in Geschmacksfragen und die Erweiterung und Differenzierung der sprachlichen Aussagefähigkeit kam dem Vers-Oeuvre zweifellos zustatten, und wäre die Sammlung vor Gründung des Ehestandes erschienen, so wäre Meyers Scheu und Zurückhaltung in Beziehung auf die Preisgabe persönlicherer, das eigene Erleben verratender Stücke noch größer gewesen. So aber konnte er in einer wenigstens vorläufig gesicherten Existenz längst vergangenes Leiden und Erleben durchschimmern lassen. Im Brief an L. v. François vom 22. 5. 1882 bekennt er, sich selber ironisierend: „Ich bin mit einer gewissen Leidenschaft mit der Sammlung meiner Lyrica (...) beschäftigt. Mehr als 50 Balladen und Lieder — oh die zartesten Liederchen von der Welt! Hin und wieder etwas Intimes hinein versteckt."

Mit der Herausgabe der »Gedichte«, wie er die Sammlung nun schlicht überschrieb, war das Schaffen dieser Art weder nach der epischen noch nach der lyrischen Seite hin abgeschlossen. Es ging vielmehr, wenn auch in etwas lockerer Folge weiter. Die Bemerkung im Brief an L. v. François vom 27. 7. 1882, daß er sein lyrisches Ich nun verabschiede, entspricht nicht den Tatsachen. Im darauffolgenden Jahrzehnt, das heißt bis zum Ausbruch der Geisteskrankheit, wurde in den inzwischen notwendig gewordenen Neu-Ausgaben die Zahl der Gedichte von ursprünglich 191 auf 231 vermehrt. Darunter befinden sich einige der kostbarsten Kleinodien. Ja sogar, als sich in der seelischen Erkrankung eine gewisse Rezession einstellte, entstanden noch etliche, allerdings rudimentär und naiv wirkende Strophenfolgen. Im langsamen Zerfall der gestalterischen Kräfte erhielt sich am zähesten das Drechseln einfacher Verse und Strophen, wobei er sich dem Singsang pietistisch-frömmelnder Erbauungsversen annäherte (vgl. Langmesser, S. 526—529).

Rein umfangsmäßig gesehen, umfassen Meyers Gedichte nur zum geringeren Teil den eigentlich lyrischen Bereich. Abgesehen von einigen religiösen Stimmungsbildern der Frühzeit, wagte sich das lyrische Element in der ersten Schaffenszeit kaum hervor. Den »Zwanzig Balladen« ist einzig ein dreistrophiger mit März 1864 datierter lyrischer Vorspruch („Der Frühling kommt...") vorangestellt. Die »Romanzen und Bilder« enthalten allerdings unter ihren 54 Gebilden 33 solche lyrischer Art. Aber es ist eine völlig unpersönliche *Lyrik*, die Meyer richtigerweise unter dem Wort ‚Bilder‘ zusammenfaßt. Ein Erfolg blieb gerade wegen dieses Mangels einer persönlichen, bekenntnis- oder geständnishaften Note versagt. Doch gehören sie durchaus in Meyers objektivierenden Realismus hinein und dürften heute, näher untersucht, einem größeren Verständnis als zur Zeit ihrer Entstehung begegnen.

Dieser Form der unpersönlichen lyrischen Bilder ist Meyer durch die ganze Schaffenszeit treu geblieben. Sie stehen neben den Romanzen und Balladen und sind somit dem epischen Stil mindestens so stark verhaftet wie dem lyrischen. Im Sinne des Dichters ist dabei unter Romanze eine dichterische Form zu verstehen, die zwar wie die Ballade ein episches Geschehen festhält, aber jenen Anspruch auf Raffung, Konzentration und dramatische Steigerung wie wir dies von guten deutschen Balladen her gewohnt sind, nicht erfordern. Es sind somit versifizierte historische Bilder, die ihre dichterische Wirkung mehr vom bedeutenden Gegenstand als von der Form her gewinnen. Sie wollen freilich in ihrer Prägnanz und mit der Wahl des fruchtbaren Augenblicks — im Sinne Lessings — schlaglichtartig eine historische Persönlichkeit oder ein bedeutsames historisches Geschehen anleuchten, durch eine Vision einen Menschen oder eine Zeit charakterisieren. Als Beispiel hiefür mag »Papst Julius« (W 1, S. 347) gelten, daneben »Die Gedanken des Königs René« (S. 295) und »Nächtliche Fahrt« (S. 235). Natürlich sind die Grenzen zwischen Gedichten dieser Art und dem, was wir mit guten Gründen Balladen nennen, fließend. Doch müssen wir im typologischen Sinne diese Unterscheidung treffen, wenn wir CFM gerecht werden wollen. Für ihn waren diese Romanzen und Bilder keine bloße schwächere Abart und Degeneration der strenger gebauten Ballade, sondern hatten als eigene Art-Variation epischer Gedichte ihr Daseinsrecht.

Bedeutender aber ist die Reihe von *Balladen*, um die Meyer den deutschen Balladenschatz bereichert hat. Bezeichnend genug, daß alle unsere deutschen Balladensammlungen — und zwar bei stark voneinander abweichenden Auswahlprinzipien — je eine Anzahl Meyer-Balladen aufweisen. Mit Theodor Fontane und Detlev von Liliencron zusammen ist Meyer der typische Vertreter der realistischen und symbolistischen Ballade der zweiten Jahrhunderthälfte. In der allgemeinen Form und in der Wahl des Versmaßes wie auch in einzelnen Motiven läßt sich das hoch- und spätromantische, aber auch das klassische Erbe nachweisen. In den Versuchen der Frühzeit, vorab in den »Zwanzig Balladen« ist CFM häufig noch der Formelsprache der klassisch-romantischen Balladen verhaftet und benutzt nicht selten höchst schwerfällige und triviale Wendungen, weil ihm die Erfüllung eines strengen metrischen Baus einesteils über alles geht und andernteils größte Mühe verursacht. Allein in den guten Beispielen vermag er sich dem Bann des historischen Pathos ganz zu entziehen und zu einem eigenen Stil durchzudringen. Dieser eigene Balladenstil entspricht seiner Tendenz zur sprachlichen Kürze, zur wortkargen Verknappung, zum Hang nach der typischen Geste und zur theatralisch-pathetischen Gebärde, die aber, gerade wegen der Nüchternheit und Knappheit der Formulierung, kaum je in rhetorische Pathetik ausartet.

Der guten Beispiele sind denn auch in der Sammlung viele, und es fällt schwer, daraus eine kleine Auswahl zu treffen. Zweifellos gehört dazu die schon in den »Zwanzig Balladen« als Anhang beigefügte Märchenballade »Fingerhütchen«: ein altes Märchenmotiv — ein Mensch verhilft einem angefangenen Elfenlied zu seinem Reim — wird auf eine kindliche, unprätentiöse Weise variiert. Indem wir in der Sammlung weiterblättern, stoßen wir sodann auf das bei Meyer besonders rare Kleinod einer humoristischen Ballade: »Alte Schweizer«. Die damals herumgebotene Anekdote von einer Palastrevolution der Schweizergarde bei der Thronbesteigung von Papst Leo XIII. bot ihm Gelegenheit, das schweizerische Wesen im Sinne von „point d'argent, point de Suisse" zu verulken, ohne damit ein Sakrileg zu begehen. Besonders eindrücklich in ihrer dramatischen Ballung sind die »Bettlerballade«, »Mit zwei Worten« und »Der Rappe des Komturs«, ein Gedicht, das schließlich als einzige, aber ausgereifte Frucht, aus den langen Bemühungen um den Komturstoff (s. S. 106) Gestalt gewann. Die in ihrer Art eigenständigste Meyer-Ballade ist wohl »Die Füße im Feuer«, die in den »Zwanzig Balladen« unter dem Titel »Der Hugenott« noch schwerfällig und langfädig gestaltet, die stärkste Raffung und Dramatisierung erfahren hat.

Eine weitere, in vielfältigen Variationen auftretende Gedichtform, diese in besonderem Maße halb episch, halb lyrisch getönt, ist das *Bildgedicht*. Schon sehr früh, in der ersten Lausanner Zeit, an einer Kreuzigungsdarstellung eines alten italienischen Meisters geübt, zeugen diese Bildgedichte, in denen vornehmlich antike Motive und solche der Renaissance herangezogen werden, von Meyers Begeisterungsfähigkeit für die Werte der bildenden Kunst. Gerade diese Art von Gedichten hat zu einem ebenso richtigen wie gefährlichen Urteil und Vorurteil über den Dichter geführt. Es wurde ihm zur Last gelegt, ein Bildungsdichter zu sein, dem nur über das Medium einer äußeren Anregung durch traditionelle Kunstwerke hie und da ein Wurf gelinge. Zweifellos ist CFM ein kulturbewußter, von der Kultur zehrender und lebender Dichter. Allein die jeweilige Begegnung erfolgt so spontan und einmalig, daß gerade hier das schöpferische Element unverkennbar ist.

74

Kritisches zu CFMs Kunstverständnis bei H. Zeller: Abbildung des Spiegelbildes (s. u. S. 81).

Die Bildbeschreibung als Mittel der symbolischen Darstellung findet man auch in Meyers Erzählprosa. Es sei hier nur auf die Rolle von Tizians Assunta in Santa Maria dei Frari zu Venedig im 2. Buch des »Jenatsch« (W 10, S. 94—97) verwiesen.

Die Form des Bildgedichts kann sich auch mit Natur- oder historisch-menschlichen Motiven verbinden und so zu eindrücklichen poetischen Schöpfungen führen. Als Beispiel seien »Auf Goldgrund« und »Michelangelo und seine Statuen« angeführt.

Dem Bildgedicht nahe verwandt ist das *Ding-Gedicht*, eine vor allem in der Epigrammkunst geübte Form. CFM hat übrigens die »Anthologia Graeca«, wo sich Gedichtformen dieser Art finden, gekannt. Im Ding-Gedicht, als dessen Meister Rilke angesehen werden darf, wird so weit wie möglich in rein deskriptiver, objektivierender Form ein Gegenstand zum Thema genommen. Die Beschreibung wird dabei in den besten Beispielen, ohne daß dies explicite gesagt wird, von selbst zum Gleichnis und die Sache selbst zum Test geistig-seelischer Konfigurationen und Strukturen. Für die Meyerschen Ding-Gedichte kennzeichnend ist ihre häufige Verwobenheit mit dem Zeit-Motiv, etwa im Beispiel »Reisebecher«, »Die alte Brücke«, »Eppich«. Damit verbunden ist der ausgesprochene Verbalcharakter auch dieser Gedichte, d. h. die Dinge sind nicht da und werden als seiende beschrieben, sondern erstehen vor uns und entwickeln sich, so »Die Felswand«, dann, ganz besonders eindrücklich, in den beiden Gedichten, die dem Dichter bedeutenden poetischen Ruhm eingetragen haben, in »Zwei Segel« und »Der römische Brunnen«. Die Bezeichnung ,Ding-Gedicht' ist daher, auf die Gedichte Meyers angewendet, nur bedingt richtig (ohne daß wir hiefür eine bessere anzubieten hätten). Doch ist es bezeichnend, daß nicht minder eindrücklich an die Stelle von ,Dingen' Vorgänge treten oder daß, wie im »Römischen Brunnen« und in »Zwei Segel«, die Dinge in Aktion gezeigt werden. Die Beschreibung von Vorgängen und Ereignissen entspricht dem dynamischen, dem Zeitablauf verhafteten Grundcharakter von Meyers Denkstrukturen in ganz besonderer Weise. Als Beispiele seien neben den bereits angeführten »Erntegewitter«, »Nachtgeräusche«, »Auf dem Canal grande« und das »Requiem« genannt. Hier, in der objektiven Beschreibung eines Geschehens, wird Meyers Kunst symbolistischer Aussage besonders deutlich. In einzelnen, ganz besonders hoch gesteigerten Fällen wie im »Requiem«, in »Zwei Segel« und in

»Der römische Brunnen« tritt zudem das in Erscheinung, was man die objektive Lyrik nennen darf, d. h. eine Lyrik, die in ihrer Aussage auf eine persönliche Bezugnahme des dichterischen Subjektes ganz oder beinahe vollständig verzichtet, wo Bild, Gegenstand oder Geschehnisablauf an sich der lyrischen Aussage genügen. Man wird diese objektive Lyrik als späte Frucht des Realismus erkennen, jenes Realismus, der schließlich im Symbolismus aufgeht. Wenn dieser Zug bei CFM auffällig in Erscheinung tritt, dann wird hier seine enge Beziehung zur französischen Literatur und im besonderen zum französischen Symbolismus deutlich.

Das Hauptgewicht liegt auch im lyrischen Bereich auf dem Unpersönlichen, Objektiven. Das subjektive individuelle *Erlebnis-Gedicht* und der Ausdruck persönlicher Empfindungen war lange durch die Tendenz nach Distanzierung, Abkapselung und Anthropophobie vermauert. Das nach der schweren Krise der fünfziger Jahre nur langsam erstarkende Selbstbewußtsein brach sich erst sehr spät Bahn; man darf sogar sagen: Erst die Rehabilitation durch den Erfolg der Huttendichtung machte den Weg frei zur Kundgabe seiner selbst im Gedicht. Wenn in manchen Gedicht-Entwürfen sichtbar wird, daß entgegen dem üblichen Werdegang einer Individuallyrik das Persönliche jeweils erst in der jüngsten Fassung Gestalt und Wort gewinnt, so ist das mit dieser psychischen Entwicklung Meyers in genaue Verbindung zu bringen. Jedenfalls aber läßt diese Tatsache das verbreitete Urteil kaum zu, es handle sich bei Meyer stets, auch im besten Falle, um abgeleitete, auf dem Umweg über den Intellekt gewonnene, um eine „sentimentalische" und nicht um eine ,naive' Erlebnisdichtung. Die mühsam und in langem Umgestaltungsprozeß errungene eigene Sprache und die Absenz der Spontaneität im schöpferischen Prozeß bedeutet aber niemals das Fehlen oder die Unechtheit individuellen Ausdrucks oder den Mangel eines vitalen Anstoßes. Es ist vielmehr so: Wo, in verhältnismäßig seltenen Fällen, der Mensch CFM zu Worte kommt, da geschieht dies für den, der genau hinhört, mit größter Kraft und Unmittelbarkeit. So kündet ein Gedicht wie »Laß scharren deiner Rosse Huf« mit seiner emphatischen Struktur den Schmerz des Abschieds vom geliebten Menschen in seltener Intensität. Mag sein, daß manches Erlebnis vorerst zurücksank unter die Bewußtseinsschwelle und durch Reflexionen wiederbelebt werden mußte, aber die Stimmungsbilder, die durch Bild und Rhythmus wiedergewonnen werden, strahlen Unmittelbarkeit und ungekünstelte Wahrhaftigkeit aus. Dies gilt von einem Gedicht wie »Schwüle« und »Gespenster«, in denen die Todessehnsucht des an seiner Mutter schuldig Gewordenen und die Schuldgefühle ob der Zerwürfnisse mit der Mutter ebenso schön zum Ausdruck kommen wie im Traumbild »Am Himmelstor«. Vor allem aber tritt die Grundstimmung des Spätgereiften, dem die Kürze und die Flüchtigkeit des Augenblicks überhell ins Bewußtsein tritt, an manchen Stellen mit poetischer Kraft ins Licht; wir nennen neben den bereits erwähnten »Auf dem Canal grande« zuerst das Spätgedicht (1889) »Noch einmal«. Und wo ist ein Bekenntnis zu unverbrüchlicher Liebe zur Schwester schöner, verhaltener und schlichter ausgedrückt als in »Ohne Datum«? So gesehen, ist die Spannweite der Meyerschen Lyrik außerordentlich und die Urteile, die von Literaturgeschichten weitergegeben werden, sind von gefährlicher Einseitigkeit.

Schon d'Harcourt hat darauf hingewiesen, daß auch in der Versdichtung Meyers die großen *Gestalten der Geschichte* von Caesar bis Napoleon aufgerufen werden. Dies hängt mit seiner Begeisterungsfähigkeit für geniale, Geschichte machende Persönlichkeiten überhaupt zusammen und mit der Grundtendenz, sich in polaren Figuren zu spiegeln. Im Zeitalter des sozialen und politischen Engagements, wie dies im Naturalismus und Expressionismus der Fall war, führte dies zum Vorwurf, CFM liebe es, stets auf dem Kothurn dahinzuschreiten, und die häufige Verwendung ausschließlich poetischer Wörter wie ‚wandeln‘ oder ‚schreiten‘ für gehen, ‚Lenz‘ für Frühling, ‚wann‘ für ‚wenn‘ bestärkte diesen Eindruck des Pathetisch-theatralischen. Das ausgesprochen aristokratische, oft vielleicht plutokratische Milieu, in dem sich der Dichter vorwiegend bewegte, bestätigte diese Tendenz auch von der Biographie her. Dabei wird aber leicht übersehen, daß auch Verständnis und Erfahrung in der Beziehung zu von der Natur oder von der Gesellschaft benachteiligten Wesen von der Familientradition her vorhanden und durch das stets anerkannte christliche Ethos erhalten blieben, sogar in jenen Jahren, da er als souveräner Grandseigneur auf seinem Sitze thronen durfte. Das Selbstverständnis für den Zurückgebliebenen und für den geistig Abnormen, dem er sich mit seiner eigenen psychischen Konstellation nahe wähnte, tritt denn auch in eindrücklicher Weise im Gedicht »Allerbarmen« zutage. Dazu tauchte zuzeiten eine Art romantischer Sehnsucht nach dem einfachen Leben auf, wie es in dem Epitaph-Gedicht »Einem Taglöhner« sichtbar wird. Meyers Glaube an den Fortschritt war durch den Glauben an die christliche Verheißung moduliert. So sei das Gedicht »Alle«, wie Meyer am 23. 11. 1890 an Haessel schrieb, „einfach als eine Kundgebung der fortschreitenden Menschenliebe, deren bedingungsloser Verkündiger doch sicherlich der Heiland war, zu nehmen". Das Gedicht »Friede auf Erden« deutet in ähnliche Richtung. Ein gedämpfter Glaube an die Geborgenheit in der Alliebe Gottes kommt in zwei köstlichen Früchten der Meyerschen Spruch-Dichtung zur Aussage, im »Säerspruch« und »In Harmesnächten«. Hier wird in einer Epoche, in der der christliche Glaube brüchig geworden, von einem Menschen, dessen Glaubenswelt nicht mehr dauernd — wie bei Gotthelf — gesichert war, noch einmal der Glaube an die Geborgenheit in der Liebe Gottes und die christliche Verheißung von der Erlösung der Menschheit in ebenso schlichte wie klare Worte gefaßt.

Schon früh, von Rodenberg zum Beispiel, wurde bereits erahnt, daß eine wesentliche Wirkung der Gedichte CFMs von der Art ihrer Aufreihung zum Ganzen ausgehe. Schließlich hat WALTHER BRECHT (1918) CFMs kompositorische Meisterschaft in der Gestaltung des Bandes der Gedichte und sein Raffinement im Aufbau der neun Zyklen, in die der Band aufgeteilt ist, nachgewiesen. Zu dieser Kunst der architektonischen Gliederung und der wohlabgewogenen Komposition gehört auch die Bemühung, das Persönliche, mit dem er scheu zurückhielt — hie und da wohl auch ein wenig kokettierte —, im Objektiven und Allgemeinen zu verstecken. Als einziges Beispiel sei hier nur erwähnt: die Einfügung des höchst persönlichen, von der eigenen Schuld gegenüber der Mutter geprägten Gedichtes »Am Himmelstor« zwischen die zwei Balladen »Der Pilger und die Sarazenin« und »Mit zwei Worten«.

Schon unmittelbar nachdem der Nachlaß zugänglich wurde, und seither sozusagen ohne Unterbruch hat sich die Literaturwissenschaft mit dem einzigartigen Phänomen der äußerst komplexen Entstehung von Meyers Gedichten befaßt. Eine Reihe von namhaften Germanisten hat sich allein um die Entstehungsgeschichte einzelner Gedichte bemüht und den langsamen, oft mühseligen Werdegang von den ersten Spuren bis zur Endfassung verfolgt. Dies um so lieber, als sonst solche Entstehungsgeschichten im lyrischen Bereich äußerst selten sind. In der jüngsten Zeit ist diese Interpretation auf Grund des Vergleichs der aufeinanderfolgenden Fassungen fast zu einer Sonderwissenschaft entwickelt worden, besonders durch HANS ZELLER, der seit 1956 diese Texte durch seine subtile, mit allen Mitteln der Veranschaulichung arbeitende Editionstechnik (W 2,3) der Forschung zugänglich machte. Dabei zeigt sich, daß in den weitaus meisten Fällen die Abwandlung der verschiedenen Fassungen bis zu ihrer endgültigen Bereinigung von einer erstaunlichen Treff- und Geschmackssicherheit des Dichters zeugt, von einem klaren Formgefühl, das in auffälligem Gegensatz steht zu CFMs ungeklärtem Urteil über das zeitgenössische Schaffen — zeugt doch seine Vorliebe für Felix Dahn, Heinrich Laube, Hermann Lingg, Emanuel Geibel durchaus nicht von einem absoluten Gehör in dieser Richtung. Nur eine Ausnahme wäre hier zu machen: Meyers ehrliche Bewunderung für alles, was der Zürcher Landsmann Gottfried Keller herausbrachte.

Die Feststellung einer gewissen traumwandlerischen Sicherheit auf dem Wege zur Vollendung seiner Versdichtung schließt die andere mit ein, daß unter den handschriftlichen Vorformen keine wesentlichen dichterischen Neufunde zu erwarten sind. Dagegen bietet das vorhandene Material die Möglichkeit, die Entwicklung der Motive, der Formen und der leitenden poetischen Ideen in ihren verschiedenen Phasen zu verfolgen, den Schöpfungsvorgang gewissermaßen im Zeitlupentempo nachzuzeichnen. Dabei ist es nicht einfach so, daß sich jeweils ein einziges Gedicht auf seinem Entwicklungsweg verfolgen läßt. Vielmehr werden oft Motive, die zunächst ein einziges Gedicht tragen, auf zwei oder mehrere Gedichte aufgeteilt, oder es werden umgekehrt verschiedene Gedichte zu einem einzigen zusammengezogen. Die Tendenz zur Verknappung und Vereinheitlichung und zur Gewinnung eines luziden Stils ist dabei die vorherrschende.

Auf dem Wege zur Ausgabe des Jahres 1882 spielt die Mitarbeit BETSYS eine entscheidende Rolle. Viele Fassungen sind nur in ihrer Handschrift erhalten. Wie weit sie dabei korrigierend und beratend eingriff, ist oft schwer zu erkennen. Bewußt eigenwillige oder willkürliche Änderungen dürfte Betsy aber kaum je vorgenommen haben; dafür war ihre Pietät den schöpferischen Kräften ihres Bruders gegenüber zu groß.

Etwas mehr als die Hälfte der in die Sammlung aufgenommenen Gedichte war vorher schon in Zeitungen, Almanachen und Zeitschriften erschienen. Unter ihnen spielt die in Leipzig erschienene ›Deutsche Dichterhalle‹ eine ähnliche, wenn auch nicht so grundlegende Rolle wie die ›DR‹ für die Prosa-Dichtung. Jedenfalls ließ sich der Dichter von Haessel nicht in solche Art von Veröffentlichungen dreinreden, zumal er die meisten Beiträge für die Ausgabe der Gedichte gründlich überarbeitete, ja nicht selten noch einmal völlig umgestaltete. Da Betsy sich inzwischen einer eigenen sozialen Tätigkeit in der Zellerschen Anstalt zu Männedorf zugewandt hatte, konnte sie dem

Bruder bei der Herstellung des Druckmanuskripts nicht mehr zur Verfügung stehen. An ihre Stelle trat Meyers Vetter FRITZ MEYER, der die Abschreibe-Arbeiten auch nach des Dichters eigenem Zeugnis mit größter Gewissenhaftigkeit besorgte, weshalb sich auch von seiner Seite kaum je wesentliche Abweichungen von CFMs eigenen dichterischen Intentionen eindrängten.

Da der Dichter auch den folgenden Auflagen bis zur fünften im Jahre 1892 alle Sorgfalt angedeihen ließ, liegt in dieser Sammlung ein Werk vor, in dem sozusagen keine einzige Vers-Zeile dem Zufall überlassen wurde. Ebenso richtig ist es, wenn von den Herausgebern diese fünfte Auflage von 1892 als die maßgebende angesehen wird, dies um so mehr, als CFM in seinen letzten Lebensjahren keinen Anteil mehr an den weiteren Auflagen nahm, obwohl gerade den »Gedichten« eine zunehmende Anerkennung, ja Bewunderung entgegengebracht wurde.

Literatur:

Die Veröffentlichungen über CFMs Gedichte sind so zahlreich, daß wir uns hier auf die markanteren beschränken müssen; wir verweisen daneben auf die Werke, in denen das gesamte Oeuvre CFMs behandelt wird (s. S. 9/10 u. bei Kap. VIII).

CARL SPITTELER: CFMs Gedichte, in: NZZ vom 8./9. Juli 1891; heute C. Sp.: Ges. Werke Bd 7, S. 489—494.

JOSEF VICTOR WIDMANN: Zur vierten Auflage von CFMs Gedichten, in: Der Bund (Bern) v. 5. Juli 1891.

LINA FREY: CFMs Gedichte, in: DR Bd 69 v. Dez. 1891, S. 404 bis 420, ferner in: Schweiz. Rundschau 1891, S. 321—324.

HEINRICH MOSER: Wandlungen der Gedichte CFMs. 1900.

HEINRICH KRAEGER: CFM. Quellen u. Wandlungen seiner Gedichte. (Palaestra. XVI.) 1901.

KARL BUSSE: CFM als Lyriker. 1902.

Über die weitere Literatur vor 1912 orientiert: dHCFM, S. 504.

EMIL SULGER-GEBING: CFMs Michelangelo-Gedichte, in: Abh. z. dt. Literaturgeschichte, Franz Muncker dargebracht. 1916.

DERS.: CFMs Gedichte aus dem Stoffgebiet der Antike in ihren Beziehungen zu den Werken der bildenden Kunst, in: Festschr. f. B. Litzmann, 1920.

DERS.: CFMs Werke in ihrer Beziehung z. bildenden Kunst, in: Euphorion 23, 1921.

WALTHER BRECHT: CFM und das Kunstwerk seiner Gedichtsammlung. 1918.

HUGO VON HOFMANNSTHAL: CFMs Gedichte, in: Wissen u. Leben 18, 1925, u. Ges. Werke, Prosa IV, 1955.

ROBERT F. ARNOLD: Zu CFMs Balladen, in: Die Literatur 31, 1928/ 1929.

A. ROBERT: Les sources de l'inspiration lyrique chez CFM. Paris 1933.

Hellmut Rosenfeld: Das deutsche Bildgedicht. (Palaestra. 199.) 1935. Darin: CFM und das Bildgedicht.

H. Siegel: Das große stille Leuchten. Betrachtungen über CFM u. sein Lebenswerk. 1935.

Ders.: Liebe, Lust und Leben. Die Welt des Kindes in den Dichtungen CFMs. 1936.

Walther Linden: Wandlungen der Gedichte CFMs, ausgewählt v. W. L. 1935.

Emil Staiger: CFM »Die tote Liebe«, in: Meisterwerke dt. Sprache im 19. Jh. 1942.

Ders.: Zu einem Gedicht CFMs (Vor der Ernte), in: Akzente II, 1954.

Ders.: Das Spätboot. Zu CFMs Lyrik, in: Die Kunst der Interpretation 1955, ⁵1968.

A. Brügisser: Heimat- und Weltgefühl in der schweiz. Lyrik von Haller bis CFM. 1945.

C. Rosman: Statik u. Dynamik in CFMs Gedichten. Amsterdam 1949.

Betty Loeffler-Fletcher: The Supreme Moment as a Motiv in CFMs Poems, in: Monatshefte (Madison) 1950, Nr 1.

Heinrich Henel: Psyche. Sinn u. Werden eines Gedichtes von CFM, in: DVjs. 27, 1953.

Ders.: Gedichte CFMs. Wege ihrer Wandlung. Hg. u. mit einem Nachwort u. Kommentar versehen. 1962.

F. Stählin: CFM. »Unter den Sternen«, in: Wirk. Wort 5, H. 3, 1954/55.

Ders.: Lebensfülle und Todesarten in den Gedichten CFMs, in: ZfDK. 52, 1938.

Karl Fehr: Der Erlösungsglaube bei G. Keller und CFM, in: NZZ v. 29. 12. 1951.

Ders.: Der Realismus in der schweiz. Literatur. 1965, S. 197, 213.

Hugo Friedrich: Die Struktur der modernen Lyrik (Rowohlts dt. Enzyklopädie 25). 1956.

Helmut Breier: Die Füße im Feuer, in: Wege zum Gedicht, 1963.

Hans Zeller: Zum Gedicht »Das Auge des Blinden«, in: Die kulturelle Monatsschrift 22, 1966, H. 5.

Ders.: CFM Gedichte. Bericht des Herausgebers. Apparat zu den Abt. I u. II, in: W 2, 1964.

Ders.: Apparat zu den Abt. III u. IV, in: W 3, 1967.
In diesen beiden Bden ist die Lit. zu den einzelnen Gedichten weitgehend angeführt und benützt.

Ders.: Abbildung des Spiegelbildes. CFMs Verhältnis zur bildenden Kunst am Beispiel des Gedichts »Der römische Brunnen«, in: GRM, Neue Folge 18, 1968.

Claude David: Du puritain à l'esthète. Sur le lyrisme de CFM. In: Etudes German. 1965, avril/juin.

Marianne Burkhard: CFM und die antike Mythologie. Diss. Zürich 1966.

BEATRICE SANDBERG-BRAUN: Wege zum Symbolismus. Zur Entstehungsgeschichte dreier Gedichte CFMs. Diss. Zürich 1969.
Weitere Literatur bei: BRUNET, 1967, S. 545—547.

6. »Das Leiden eines Knaben«

Das Jahr 1883 brachte gleich zwei Novellen zur Reife (neben
der 2. Aufl. der »Gedichte«), und es darf als das Jahr inten-
sivster schöpferischer Tätigkeit bezeichnet werden. In der ersten
Hälfte des Jahres erschien »Das Leiden eines Knaben«, im
dritten Viertel »Die Hochzeit des Mönchs«, aber beide Pläne
stammten aus früheren Jahren und wurden nun dem Vetter
Fritz Meyer in die Feder diktiert.

Von einer höchst ergreifenden Knabengeschichte aus der Zeit Ludwigs XIV. schrieb CFM am 16. 6. 1877 an Haessel. Über Zeit und
Ort der Lokalisierung war er sich offenbar von Anfang an im klaren, d. h. von dem Augenblick an, da ihn eine Stelle aus den »Mémoi-
res complets et authentiques du duc de Saint-Simon sur le siècle de
Louis XIV et la Régence« (Paris 1878) fesselte, in der vom merkwür-
digen Tod des Julien Boufflers die Rede war (Bd 3, S. 787 f.).

Obwohl er sich auch sonst in diesem Werk vielfach umgesehen, schaltete er bei der Novelle mit den Figuren in souveräner Weise. Eine der wichtigsten Änderungen gegenüber der von
Saint-Simon überlieferten Historie ist wohl der frühe Tod der
Mutter, während in der Quelle Mutter und Vater unter dem
Tod ihres Sohnes leiden. In der Quelle ist ferner die Auspeit-
schung des Sohnes von Marschall Boufflers einfach eine der
üblichen drakonischen Strafmaßnahmen, die in der Jesuiten-
schule geübt zu werden pflegten („ils fouettèrent le petit gar-
çon"). In der Novelle ist es zuerst einmal der im Namen des
Ordens geübte Racheakt des sadistisch veranlagten Schulleiters.
Schon diese zwei Verschiebungen genügen, um uns über die
psychischen Hintergründe dieser Novelle auf die rechte Spur
zu weisen, eine Spur, die vom Dichter übrigens in einem
halben Zugeständnis bestätigt wird, schreibt er doch am 19. 12.
1883 an Rodenberg unter Bezugnahme auf Otto Brahms Besprechung der Novelle in der ›Voss. Ztg‹ (Brahm hatte behauptet, es sei eine Jugendarbeit des Dichters), er habe nur zur
Hälfte unrecht: „Das Novellchen ist neu, aber freilich mit Absicht, in meiner ersten Manier geschrieben." Auch wenn sich nur
schwer fassen läßt, was er unter dieser „ersten Manier" versteht, so verweist er doch zurück in seine eigene Jugend. Tat-

sächlich ist das Hauptmotiv, eben die körperliche Züchtigung eines jungen, feingegliederten Menschen, zurückzuführen auf ein seelisches Trauma, das der junge Conrad erlitt, als er von einem älteren Verwandten wegen einer Trotz-Äußerung geschlagen wurde. Bezeichnenderweise nennt er »Das Leiden eines Knaben« zweimal eine „Strafnovelle".

Einmal darauf aufmerksam geworden, dürfte es nicht schwer fallen, das Jugendschicksal Julien Boufflers mit dem des Dichters wenn nicht zur Deckung, so doch in nahe Verbindung zu bringen. Wohl war Meyer kein Unbegabter wie Julian, aber im Maße seiner Entwicklung zum kontaktarmen Außenseiter ein Mensch, dem das Leben schwer fiel und der wie Julian einzelne Schulfächer nur mit Anstrengung bewältigte. Man sagt auch, daß er sich, wie dieser, auf dem Fechtboden als Jüngling gut gehalten habe. Abweichend vom Wesen seines Vaters hat er den Marschall Boufflers zu einem sturen Pedanten gemacht und die Mutter zu einer unendlich gütigen, aber geistig sehr bescheiden ausgestatteten Frau. Vertauschen wir die Wesensart der beiden Elternteile und ihr Schicksal, so erkennen wir eine weitgehende, wenn auch nicht vollständige Übereinstimmung. Aus Scheu, sich preiszugeben, hatte der Dichter unter geschickter Ausnützung des so völlig anders gearteten Milieus am Hofe des Sonnenkönigs eine Umkehrung der erzieherischen Situation vorgenommen. Die körperliche Züchtigung in der Schule der Jesuiten erfährt dabei eine ähnliche Steigerung durch den sturen Pflicht-Moralismus des Vaters wie diejenige CFMs durch den pietistischen Moralismus der Mutter. Und eine andere Gleichung gilt darüber hinaus: Die Stellung des Versagers im praktischen Leben zur heimisch-bürgerlichen Gesellschaft war nicht unähnlich jener Julian Boufflers zu den militärischen und zivilen Rängen der Pariser Hofgesellschaft. Es ist die ausweglose Situation eines Ausgestoßenen und irgendwie durch Unfähigkeit Gebrandmarkten. Diese Situation wird durch das Bild Moutons, des Malers, den von den Mänaden verfolgten Pentheus darstellend (W 12, S. 135), eindrucksvoll gespiegelt. Ein von den Furien der Todesängste verfolgter Jüngling mit Gestalt und Zügen Julians: das ist ganz einfach die psychische Situation des Dichters bei Ausbruch der Krise. Die Novelle zeichnet sich aber nicht nur durch diese geradezu unheimliche innere Übereinstimmung mit der Jugendsituation des Dichters aus, sie ist in der Ausnützung psychologischer Motive, obschon noch vor der Entwicklung einer differenzierten Jugendpsychologie entstanden, von einer außerordentlichen psychologischen Wahrhaftigkeit.

Die psychotherapeutische Wirkung der Malstunden Julians reichen tief in heilpädagogische Erfahrungen hinein. Die Malstunden sind Arbeitstherapie im besten Sinne. Und noch ein anderes bei Meyer besonders erstaunliches Phänomen verdient mehr als bisher hervorgehoben zu werden: die Gestalt des bereits erwähnten Malers Mouton. In ihm zeichnet Meyer nicht weniger als einen modernen 'peintre naïf' im Stile Henri Rousseaus oder Adolf Dietrichs. Die Beziehung zu seinem Pudel gleichen Namens und Julians Affinität zu diesen beiden Wesen läßt hier höchstes psychologisches Raffinement erkennen. Diese beiden Moutons sind ebenso wie der unbeholfene Magister Père Amiel reine Erfindungen des Dichters. Sind hier noch unaufgedeckte Erfahrungen des Dichters aus seiner Schulzeit, Erfahrungen, die denen des Grünen Heinrich parallel gingen, getarnt, oder entsprechen sie einfach der subtilen poetischen Phantasie einer auf alle Regungen seelischen Werdens und Leidens hellhörig gewordenen schöpferischen Gestaltungskraft?

Von Freund Nüscheler, der in österreichischen Diensten zum Katholizismus übergetreten war, wurde dem Dichter zum Vorwurf gemacht, daß von den Jesuiten namentlich in der Figur des Père Tellier ein Zerrbild gestaltet worden sei. Eine gewisse Berechtigung zu diesem Vorwurf ist nicht abzuleugnen; doch muß dabei auf die allgemeine Stellung der Gesellschaft Jesu in der Zeit CFMs verwiesen werden. Wir dürfen nicht vergessen, daß dreieinhalb Jahrzehnte zuvor die Jesuitenartikel in die schweizerische Bundesverfassung eingebaut wurden und daß hier der Jesuitismus einfach in gesteigerter Form die Funktion einer mit Machtansprüchen ausgestatteten arroganten Erziehungsgemeinschaft übernimmt. Die Rolle der jesuitischen Beichtväter am Hofe Ludwigs XIV. und ihre Bedeutung in der damaligen Bildungswelt wird dabei zum Ausgangspunkt genommen. Und die Tonart des berühmten Memoirenschreibers hatte den Dichter in seiner Tendenz bestärkt.

L. v. François, der offenbar das Maîtressenwesen des Sonnenkönigs ein Dorn im Auge war, hat die Rahmenform als überflüssig erachtet (Br. v. 2. 11. 1883), bei allem Lob, das sie wie die anderen zeitgenössischen Kritiker dieser Novelle erteilte. Wäre aber der Kreis um die Madame de Maintenon weggeblieben, dann wäre eine weitere überaus eindrückliche Figur der Erzählung, der königliche Leibarzt Fagon, fraglich geworden. Als erzählendes Medium aber und als in Dingen der Seele und des Körpers erfahrener Arzt und Menschendeuter erscheint er als der in einzigartiger Weise berufene Mann, das Leiden des Knaben und seine tragische seelische und schicksalsmäßige Entwicklung zu deuten. Wenn Gottfried Keller im Gegensatz zu

84

anderen Novellen gerade für diese ein ungeteiltes Lob bereithält (Br. v. 22. 11. 1883), dann hat er wohl tiefer als die Verfasserin der »Letzten Reckenburgerin« das formale und das psychologische Raffinement und die innere Wahrhaftigkeit dieser Novelle erfaßt, die denn auch bis heute ihre selten getadelte Stellung im Gesamtwerk Meyers behauptet hat. Eine zureichende Würdigung dieses Werks ist allerdings bis heute ausgeblieben.

Literatur:

JOSEPH VICTOR WIDMANN: Rez. d. Novelle in: Der Bund (Bern), 25. Nov. 1883.

OTTO BRAHM: Rez. in: DR Bd 38, 1884, S. 156 (ebenso schon in der Voss. Ztg).

MAYNC: CFM, S. 213—229; FAESIE: CFM, S. 142—148.

ZÄCH in: W 12, S. 318—339.

LOUIS WIESMANN: Nachwort zu »LeK« in: Reclams Univ.-Bibl. Nr 6953, 1966, S. 63—79.

KARL FEHR: Mouton der Maler u. Mouton der Pudel, in: NZZ 1970, Nr 353, 2. Aug., S. 37 f.

BRUNET, 1967, S. 270—283.

7. »Die Hochzeit des Mönchs«

Unmittelbar an das Diktat von »Leiden eines Knaben« schloß sich dasjenige der »Hochzeit des Mönchs« an. Wie von jener, so ließ sich CFM auch von dieser Novelle eine Zeitlang förmlich in den Bann ziehen. Dabei hat ihn dieser Stoff bedeutend länger und stärker in Anspruch genommen. Eine erste Kunde vermittelt der Brief Meyers an Rodenberg vom 14. 2. 1880. Aber sowohl in formaler Hinsicht wie mit Beziehung auf den Ort der Handlung verfolgte er zunächst ganz andere Ziele, nennt er doch den Stoff Rodenberg gegenüber „unabänderlich dramatisch" und am 5. 1. 1881 will er den Stoff des „Novellchens", zu dem er sich auf dringenden Rat Rodenbergs durchgerungen, in Nürnberg ansiedeln. In Beziehung auf die Zeitepoche ist er allerdings der ursprünglichen Konzeption treu geblieben: Er ist lediglich von der Zeit Friedrich Barbarossas in die Zeit Friedrichs II. vorgerückt. Die innere Thematik scheint allerdings von Anfang an klar gewesen zu sein: die „Entkuttung" des Mönchs. In diesem Sinne wäre der Mönch Astorre ein Gegenstück zur Novize Getrude in »Plautus im Nonnenkloster«. Die Befreiung aus klösterlicher Abgeschiedenheit und der Übertritt aus dem mönchischen Leben in den Ehestand führt aber wiederum mitten in die psychische Jugendproblematik Meyers, ja vielleicht wiederum, durch die historische Welt verklausuliert und maskiert, tiefer in die bedrohliche seelische Situation des aus klosterähnlichen Bindungen herausgefallenen Menschen. Wie im »Heiligen« und im »Plautus« bedient sich der Dichter hier eines Rahmens. Aber im Gegensatz zum Rollenträger des Rahmens in den genannten Novellen ist hier dieser Träger selbst eine berühmte, von CFM stets aufs höchste verehrte Dichtergestalt: Dante. Er läßt ihn die Geschichte am Herdfeuer von Cangrande in Verona mehr oder weniger improvisierend erfinden. Als aus der Vaterstadt Verbannter ißt Dante bei diesem das Gnadenbrot. Die geistig-seelische Konstellation der zuhörenden Hofgesellschaft wird dabei geschickt mit der Binnenhandlung verknüpft und diese selbst mehrmals durch die Rollenträger des Rahmens unterbrochen. So erhält die Novelle in Beziehung auf ihre Struktur einen artistisch-manieristischen Charakter, der noch da und dort durch manieristische Züge in der Sprache selbst verstärkt wird, z. B. durch die häufige Verwendung von Partizipialkonstruktionen lateinisch-romanischen Charakters und durch einen bloß andeutenden, manchmal fast bis zur Unverständlichkeit verknappten Stil. Es mag dies auch zum Teil damit zusammenhängen, daß die endgültige Niederschrift (von Ende Juli bis Ende Okt. 1883) gemessen am Tempo bei den anderen Novellen beinahe überhastet vor sich ging, wollte er doch damit offensichtlich dem dringlichen Begehren Rodenbergs entgegenkommen, dem er »Das Leiden eines Knaben« wegen eines Versprechens gegenüber dem Schorerschen ›Familienblatt‹ zu seinem Leidwesen vorenthalten hatte. Er hatte ihn zunächst mit der Zusicherung hingehalten, er werde für ihn den Roman »Der Dynast« schreiben, der aber über die ersten Entwürfe nie hinausgekommen ist. „Ich habe sie meinem Vetter (Dr. Fritz Meyer) sozusagen aus dem Stegreif in die Feder diktiert, und bin selbst begierig zu betrachten, welch einem Ungeheuer ich das Leben gegeben habe", schreibt er vierzehn Tage nach Abschluß (am 16. 11. 1883) an Wille. Die Bemerkung ist übrigens wohl, obschon hier von früher gehegten Plänen die Rede war, ernst zu nehmen. Die Verlegung der Geschichte in das Milieu von Padua, resp. Verona, und damit die ganze innere Ausgestaltung erfolgten wohl erst in dieser Schlußfassung. Erst in dieser Phase erfolgte wohl auch die Ironisierung der Darstellung: Sie bestimmt die ganze Erzählweise Dantes und tritt vielleicht am grellsten ins Licht, wo er sich selbst mit den Worten verbessert (W 12, S. 35):

„ ,Ich streiche die Narren Ezzelins' unterbrach sich Dante mit einer griffelhaltenden Gebärde, als schriebe er seine Fabel, statt sie zu sprechen, wie er tat. ,Der Zug ist unwahr'..." Mit dieser Ironisierung, die übrigens in dieser Novelle einzigartig in Erscheinung tritt, greift CFM auf Erzähltechniken der Romantik zurück. Davon spricht er allerdings nirgends, sondern verweist in seinem Brief an Friedrich von Wyss, dessen eng moralistisches Urteil er zu beschwichtigen sucht, auf ein anderes Vorbild: „Die Form betreffend, schwebten mir die alten Italiener vor." Unter den „alten Italienern" denkt er wohl nicht nur an Dante — den er gleich nachher zitiert — sondern vor allem an Boccaccio. Die Selbstironisierung des Erzählers Dante und die Brechung des direkten Lichtes durch das Medium des Erzählers, die in dieser Novelle in so auffälligen Wiederholungen erfolgt, haben das eine Ziel, der Erzählhandlung selbst ihr Schwergewicht zu nehmen und sie in weiteste Ferne zu entrükken. „Der Rahmen mit Dante war de toute nécessité, um den Leser in den richtigen Gesichtspunkt zu stellen" (Br. an Wyss v. 19. 12. 1883). Noch deutlicher an Heyse (am 11. 11. 1884): „Die Neigung zum Rahmen dann ist bei mir ganz instinctiv. Ich halte mir den Gegenstand gerne vom Leibe oder richtiger gerne so weit als möglich vom Auge und dann will mir scheinen, das Indirecte der Erzählung (und selbst die Unterbrechung) mildere die Härte der Fabel." Der mit solcher Vehemenz (z. B. auch L. v. François gegenüber) verteidigte, mehrfach gebrochene Erzählvorgang beweist nur eines: Es mußte dem Dichter auch hier alles daran gelegen sein, das Grundmotiv, eben die Entkuttung des Mönchs, von sich selbst zu distanzieren, sie, mit L. Wiesmann zu reden, zu maskieren. Und dies offenbar nur deshalb, weil hier abermals Persönlichstes zur Aussage kam. Wir müssen hier zwei Sätze aus der Mitte der Novelle anführen: „... gibt acht, ich bitte Dich, Astorre, daß Du den Menschen aus dem Mönche entwickelst, ohne den guten Geschmack zu beleidigen"; so spricht der Freund Ascanio zum Mönch, nachdem dieser bereits das weltliche Habit angezogen (W 12, S. 36). Ein weiterer Ausspruch Ascanios beleuchtet die Ambivalenz von Astorres Entscheidung: „Astorre, mein lieber Freund, Du hast ganz hübsch gehandelt, nur wäre das Gegenteil noch hübscher gewesen" (W 12, S. 37). Gewiß, das historische Milieu verfremdet die persönlichen Bezüge, doch bieten der Ausbruch aus klösterlicher Abgeschiedenheit und die Rolle der geliebten Schwester und der Gattin Louise und die Spannungen in der gesellschaftlichen Umwelt im Leben des Dich-

ters der Möglichkeiten genug, auch hier wenigstens vermu-
tungsweise Identifikationen zwischen dem Werk und dem Dasein des Dichters herzustellen. Wenn er Frey gegenüber mitten
im Diktat des Mönchs gesteht, daß er „corps et âme" in eine
neue Novelle versunken sei (4. 10. 1883) und an Haessel schon
anderthalb Monate früher (am 27. 8.) schreibt, daß ihn die
Novelle „Tag und Nacht" beschäftige, dann ist nicht daran zu
zweifeln, daß das persönliche Engagement der erste und das
historische Interesse der zweite Beweggrund dieser Novelle war.
Er beschritt bewußt im Erzählstil neue Wege, bekannte er doch
dem Verleger gegenüber, daß »Der Mönch« in einer neuen
Manier geschrieben sei. Zu dieser gehörte auch die Merkwür-
digkeit, daß er Figuren der Rahmenfabel und der Binnenerzäh-
lung mit gleichen Namen ausstattete. Wollte er die polemische
Haltung Dantes gegenüber Cangrande verstärken, indem er
die Figuren seiner Umgebung, eben der Hofgesellschaft, mit
den Figuren seines Erzählspieles identifiziert? Jedenfalls kommen wir nicht um die Feststellung herum, daß hier zuviel Manierismus, ein Zuviel an schöpferischer Willkür am Werke sei.
Der neue eigenwillige Stil hatte denn auch zur Folge, daß diesmal ein ungeteiltes Lob ausblieb. L. v. François war sowohl
vom ersten Teil als vom Ganzen verwirrt. Heyse, Frey, Brahm
warfen ihm Manier vor, und selbst Rodenberg fügt seinem
hohen Lobe, obwohl ihm Meyer den ersten Teil im September
in Kilchberg vorgelesen hatte, fünf kritische Punkte bei (Br. v.
4. 11. 1883). Aber obwohl er den mehrfach gerügten größten
Mangel, nämlich den überhasteten und zu wenig ausgereiften
Schluß für die Buchausgabe gründlich zu überarbeiten ver-
sprach, änderte er — zur Enttäuschung Haessels — nur noch
wenig, sei es, daß er die einmal gewählte Gestalt als die richtige betrachtete, oder sei es, was bedeutend wahrscheinlicher ist,
daß die einhellige Kritik ihn so sehr traf, daß er die Lust daran
verlor. Für die letztere Vermutung spricht auch die Tatsache,
daß er den neuen Stil, den er mit dieser Novelle bewußt ein-
geführt, später nicht mehr weiterverfolgte.

Daß gerade diese Novelle, die bei vielen Interpreten Meyers
Befremden verursachte, in jüngerer Zeit eine eingehende Würdigung erfahren hat, ist ein Beweis für das weitere Verständnis dem Gattungsbegriff ‚Novelle' gegenüber, wie es sich in
den letzten Jahrzehnten entwickelt hat. Benno von Wiese, der
sich in seiner Interpretation zwar beinahe vollständig der Bezugnahme auf das Leben des Dichters enthält, findet gerade für
diese Novelle und ihr artistisches Spiel höchst anerkennende

Worte und zählt sie zu den bedeutenden Repräsentanten der deutschen Novellenkunst im 19. Jh.

Der äußere Erfolg dieser Novelle strafte allerdings die pessimistische Prognose Haessels, der für den neuen Stil schon gar nichts übrig hatte, wieder einmal Lügen. Nicht nur, daß im Zeitraum von neun Jahren, bis 1892, neun Auflagen nötig wurden, das Buch wurde auch schon 1887 in Boston in englischer Übersetzung herausgebracht (Übersetzung Miß Adams), der im gleichen Jahre noch eine illustrierte italienische (von P. Valabrega) folgte. Nicht uninteressant dürfte auch die Feststellung sein, daß »Die Hochzeit des Mönchs« in jüngster Zeit in den Ländern des Ostblocks neu übersetzt wurde und vermehrte Beachtung gefunden hat.

Literatur (außer der bereits im Text genannten):

EMIL MAUERHOF: CFM oder die Kunstform des Romans. 1897.

LANGMESSER, S. 352—365; dHCFM, S. 349—360; MAYNC, S. 230 bis 245; FAESI, S. 149—160; HOHENSTEIN, S. 255—260; BRUNET, S. 285 bis 299.

ALFRED ZÄCH in: W 12, S. 246—314 (hier ist neben Textgeschichte, Lesearten u. Anmerkungen auch der Vorentwurf abgedruckt).

ERNST FEISE: »Die Hochzeit des Mönchs« von CFM. Formanalyse, in: Xenion (Baltimore) 1950, S. 215—225.

ROBERT MÜHLHER: CFM u. der Manierismus, in: R. M.: Dichtung der Krise. 1951, S. 147—230.

BENNO VON WIESE: »Die Hochzeit des Mönchs«, in: Die dt. Novelle von Goethe bis Kafka, Bd II, 1964, S. 176—197.

8. *»Die Richterin«*

Über die Entstehung und Wandlung dieser Novelle sind wir durch zahlreiche briefliche Äußerungen gut unterrichtet, und doch lassen uns diese Meldungen über die letzten Beweggründe völlig im Unklaren. Wohl lassen sich historische Quellenwerke, die CFM benützt haben mag, nachweisen; allein da die zentrale Fabel selbst völlig erfunden und sowohl in Beziehung auf die Zeit wie auf den Ort der Handlung eine nachträgliche totale Verschiebung erfahren hat, und da überdies nachzuweisen ist, daß er »Die Richterin« zuerst als Drama konzipierte und davon nach einer Bemerkung Freys (»CFMs unvollendete Prosa«) bereits 1500 Verse geschrieben hatte, daß er ferner einmal nach einem Brief an Rodenberg (v. 30. 11. 1881) der Veröffentlichung der Novelle die des Dramas unmittelbar folgen lassen wollte, so verdecken uns diese formalen Orientierungen den Blick auf die ersten Beweggründe. Eine Bemerkung Betsys: „Die »Richterin« ist meines Erinnerns das einzige Gedicht meines Bruders, von dem er mir, während er es komponierte, niemals sprach...", läßt uns stutzig werden, um so mehr als hier doch zwei Frauengestalten im Mittelgrund stehen. Dieses konsequente Stillschweigen steht aber durchaus nicht im Widerspruch zu den zahlreichen brieflichen Äußerungen, enthält er sich doch geflissentlich jeder persönlichen Bezugnahme zum Thema. Dieses Thema wird etwas stereotyp mit „magna peccatrix" umschrieben. An die Stelle der peccatrix tritt später lediglich die iudicatrix und schließlich die Übersetzung „Richterin". Meyer schreibt in seinem Brief von einem fesselnden Stoff, einer „leidenschaftlichen Fabel". Er spricht ferner von großen Gestalten, die einer geräumigen Gegend und wilder Sitten bedürfen (Br. an L. v. François v. 20. 2. 1884). An ebenderselben Stelle nennt er (da er sich bereits endgültig für die Novellenform entschieden) das Ganze ein nicht ungefährliches Thema. Gefährlich aber für wen? Frey weiß davon zu berichten, daß er die Geschichte zuerst in Bellenz (Bellinzona im Tessin), dann im päpstlichen Kastell (zu Avignon?), dann, wie er an L. v. François schreibt, in Enna in Zentralsizilien (und wohl zugleich am Kaiserhof zu Palermo) spielen lassen wollte. Die Beziehung mit Enna sollte zugleich — da dort nach antiker Überlieferung ein Eingang in die Unterwelt lokalisiert ist — von Anfang an das Todesmotiv in die Nähe rücken. Möglicherweise hat sich im Namen Malmort für die Burg, in der die Richterin Stemma haust, die Erinnerung an diese Verquickung mit einer Stätte des Todes erhalten. Ein anderer Hinweis, nämlich der auf Dostojewskis »Schuld und Sühne« (Br. an Wille v. 30.3. 1885), ein Werk, dem er eben in jenen Jahren begegnete, läßt die ideelle Untermauerung erkennen. Es ist ein Schulddrama, eine „tragische Novelle", in der im Gegensatz zu der subtilen und wenig robusten Figur des Studenten Raskolnikow eine starke Natur die Todesschuld auf ihre Weise bewältigt. Und doch ist nicht an einen Anti-Dostojewski zu denken. Vielmehr läßt die Begegnung mit Dostojewski auf eine tiefere Durchdringung mit christlichem Geiste schließen. Auf die richtige Fährte können allein die bereits erwähnten Notizen Betsys zu ihren »Erinnerungen« führen. Selbst wenn sie zum Teil aus jenen Jahren nach der Erkrankung ihres Bruders stammen. Da es offensichtlich zu schweren Zerwürfnissen zwischen ihr und ihrer Schwägerin, Frau Louise Meyer-Ziegler, gekommen war, ist ihnen größte Wichtigkeit beizumessen. Betsy fand sich nachträglich in der »Richterin« bestätigt, und zwar in ihrem Verteidigungskampf wider die schweren Anwürfe, die man insgeheim gegen ihr Verhältnis zu ihrem Bruder erhoben hatte. Und an diesen Anwürfen scheint Frau Meyer und ihre Familie nicht unschuldig gewesen zu sein. Wir müssen die von Alfred Zäch angeführte Stelle aus Betsys Entwürfen zu ihrem Brief an Rodenberg auch hier zitieren, da sie allein die tieferen psychischen Zusammenhänge erahnen lassen. »Die Richterin« sei aus tiefer Verletzung hervorgegangen und trage Schwert und Schild. „Keine Himmelfahrt, sondern die Höllenfahrt eines mannhaften Gewissen. Selbstgericht und Sühne" (W 12, S. 340). CFM sprach nach Betsys Darstellung von einem „Gewissenskonflikt", und daß er einmal mit den ungeheuerlichen verborgenen Angriffen habe abrechnen müssen. Daß ob dieser Angriffe ein Ehekonflikt im Hause Meyer ausbrach, deutet die Schreiberin an: „Ich sah fragend zu ihm auf. Soweit war es also gekommen. Armer, armer Bruder! Es ist dein innerstes Heiligtum, das angetastet wird. Das Verhältnis deiner Schwester zu dir, das gottgewollte, einfache, das zugleich ein kindliches und mütterliches ist. Das ist der Punkt, von dem aus deine edel geschaffene, in ihrer Feinheit und Reizbarkeit zu gesundem Widerstand gegen rohe Angriffe unfähige Seele im Innersten vergiftet werden kann. An dieser Stelle kann dir, *inmitten deines sichern Heimes von der, die du liebst und der du vertraust, ohne daß sie selber sich dessen klar bewußt wird, ein dein Leben im Grunde zerstörendes Gift beigebracht werden:* Der Zweifel an der göttlichen Gerechtigkeit" (W 12, S. 340 f.).

Gewiß ist hervorzuheben, daß die Erinnerungen Betsys nach dem Tode Meyers geschrieben wurden, in einer Zeit, als die Zerwürfnisse zwischen Frau Meyer und Betsy offen zutage traten. Doch ist nicht ausgeschlossen, daß zeitweilige Entfremdungen zwischen den beiden Ehepartnern eingetreten sind. Es fällt auf, daß die Frau des Dichters mit der Tochter von der Mitte der 80iger Jahre an allein zu Ferienaufenthalten verreist, einmal in ein süddeutsches Bad, einmal nach Schloß Horben im Aargau.

Man kann freilich die Gestalt der Richterin auch mit der Mutterbeziehung in Verbindung bringen, aber ihr leidendes Wesen und ihre Weltflucht in solcher Weise ins Gegenteil zu wenden, würde beim Dichter doch zu große Verwandlungskünste voraussetzen. So besehen, würde die Geschwisterliebe — von L. v. François als trivial abgelehnt — der erste Beweggrund gewesen sein und die Frage nach Sühne und Gerechtigkeit der magna peccatrix sive iudicatrix, die Frage nach der „immanenten Gerechtigkeit" (Br. an Johannis Landis v. 21. 11. 1885) der zweite.

Es gilt auch noch den letzten großen Milieuwechsel zu bedenken: Sizilien zur Stauferzeit — Bündnerland zur Zeit Karls des Großen: CFM hütete sich davor, seine Geschichte in ihm selbst unbekannter Landschaft anzusiedeln. Mit Ausnahme von »Gustav Adolfs Page« spielen denn auch alle Novellen in Räumen, die ihm durch Reisen oder längere Aufenthalte vertraut waren. Daß er somit vom fernen und ihm nur aus der Literatur vertrauten Sizilien in die Gegend um die Viamala zurückkehrte, hat wohl diesen Grund. Ferner wollte er wohl auch dem Petrus Vinea-Plan, der mit der Geschichte der Staufer in Italien verquickt ist, ausweichen. Zugleich aber hat er die räumlich-geographische Annäherung mit einer Vergrößerung der zeitlichen Distanz verbunden und sich dabei abermals an eine ihm vertrautere historische Figur gehalten, an Karl den Großen, den er, wie Betsy (W 12, S. 350 f.) erwähnt, seit früher Jugend als eine Gestalt zürcherischer Sagentradition bewunderte und dessen richterliche Gewalt (Grundmotiv der Novelle) ihm von der steinernen Figur am Ostturm des Zürcher Großmünsters herunterwinkte. Die Symbolkraft, deren er für diese Novelle bedurfte, war sowohl in der Herbheit der Landschaft als auch in der Kaiserfigur im Hintergrund verstärkt. Bezeichnend genug, daß er dabei den Eingang der Novelle nach Rom und hier an ihm vertraute Örtlichkeiten, wie die Kirche Sta Maria in Aracoeli, verlegte.

CFM hat sich mit der »Richterin« ungewöhnlich lange mit immer wieder neuen Unterbrüchen beschäftigt, von 1881 an bis über die Jahresmitte 1885 hinaus. Daran ist nicht nur die Ungewißheit über die Form: Drama, Roman, Novelle schuld, sondern auch das nunmehr erkannte tiefe persönliche Engagement, das es zugleich zum Ausdruck zu bringen und zu tarnen galt, zu tarnen vor allem auch vor der prüden bürgerlichen Gesellschaft, die seinen wachsenden Erfolg in zunehmendem Maße anerkennen mußte und zugleich skeptisch beargwöhnte. Daß die Zürcher seine »Richterin« als eine Geschichte voll gestrenger Gerechtigkeit goutierten, erfüllte ihn mit Genugtuung (an Lingg am 30. 12. 1885). Aber er scheute jedes Risiko, dieses nun einmal gewonnene hohe Ansehen zu schmälern, und da er die Gefahr einer zu raschen Schreibart bei der »Hochzeit des Mönchs« erkannt hatte, auferlegte er sich willentlich Gemessenheit und Ruhe in der Gestaltung des iudicatrix-Themas und ermächtigte auch am Ende noch seinen Freund Rodenberg, Härten und allzu große Sinnlichkeiten, soweit sie nicht für das Ganze notwendig wären, zu streichen. Er schreibe die Novelle, abgesehen davon, daß er zeitweilig die Natur wirken lasse, so viel er vermöge, „ohne Adjektive und ursprünglicher als den überladenen Renaissance-Mönch" (an Rodenberg am 19. 3. 1884). Tatsächlich ist »Die Richterin« die Novelle mit dem knappsten Wortschatz, in einem bis an die Grenze des Erlaubten gehenden Verbalstil gehalten. Aus der dramatischen Grundkonzeption ist ihr überdies eine starke, oft bis ins Unerträgliche gesteigerte Dynamik eigen, so daß man der rasanten Fülle des Geschehens, die mit Leichtigkeit einen Roman füllen würde, in einem Lese-Durchgang nicht Meister wird. Jedenfalls hat CFM hier den Stil einer realistischen Historien-Epik hinter sich gelassen. Manche Stellen sind denn auch nicht anders als expressionistisch zu nennen. Die Züge extremer, oft an Perversionen grenzender Leidenschaften und ins Dämonische und Traumhafte verschobener Abläufe häufen sich. Sie versetzten den zeitgenössischen Leser in eine gewisse Verlegenheit, ja Ratlosigkeit, sind aber dem heutigen, der an ganz andere Konzentrate gewohnt ist, besser zugänglich, ja wir stehen nicht an, »Die Richterin« einen Kulminationspunkt Meyerscher Darstellungskunst zu nennen.

Die beiden ineinander verwobenen Konflikte: das aus der erotischen Leidenschaft herauswachsende Verbrechen der Richterin, welche die Schuld auf sich nimmt und sich selber richtet (eine Parallele zum Raskolnikow-Motiv), und die aus einer vermeintlichen Geschwisterliebe in gesunde erotische Beziehung sich wandelnde Liebe zwischen Palma und Wulfrin lassen eine Novellenkunst von höchster Plastizität und Ausdruckskraft erkennen, zumal die genannten Hauptfiguren überaus eindrücklichen Kontrastgestalten gegenübergestellt werden wie Gnadenreich (Graciosus) zu Wulfrin und Faustine zu Stemma, der Richterin.

Nicht zu übersehen ist ferner das großartige Zusammenspiel zwischen der heroischen Landschaft, der Witterung und den menschlichen Leidenschaften; von großer Eindrücklichkeit vor allem Wulfrins Gang durch die Schlucht. Hier haben sich — eine Form expressionistischer Aussage, welche die Visionen der Maler des frühen 20. Jhs vorausnimmt — innerer und äußerer Aufruhr zu einer großartigen Vision zusammengefunden.

Literatur:

LOUISE VON FRANÇOIS: Brief an CFM vom 12. 10. u. 20. 11. 1885.
CARL SPITTELER: Die Eigenart CFMs, in: Schweizer Grenzbote u. Tagblatt der Stadt Basel, 25. 12. 1885; heute in: Ges. Werke Bd 7, S. 483—488.

ADOLF FREY: Rez. der »Richterin« in: NZZ, 17. Jan. 1886.

EMANUEL STICKELBERGER: Die Kunstmittel in CFMs Novellen. 1897.

CONSTANZE SPEYER: Zur Entstehungsgeschichte von CFMs »Richterin«, in: Archiv f. d. Stud. d. neueren Spr. u. Lit. 66, 1912, S. 273 ff.

F. HELLERMANN: Mienenspiel u. Gebärdenspiel in CFMs Novellen. Diss. Tübingen 1915.

HOHENSTEIN, S. 263—271; ZÄCH in: W 12, S. 340—380; BRUNET, S. 301—309.

KARL FEHR: Die realistische Vision, in: Der Realismus in der schweiz. Literatur, S. 133—137.

9. »Die Versuchung des Pescara«

Nach dem Abschluß der »Richterin«, im Spätsommer und Herbst 1886, beschäftigte sich CFM zunächst mit einem lange gehegten Plan, dem »Dynasten«, d. h. mit der Figur des letzten Grafen von Toggenburg. Dann aber nahm ihn plötzlich ein Stoff gefangen, von dem er bis dahin noch nie gesprochen und der möglicherweise erst um diese Zeit, d. h. erst im Spätherbst 1886 in seinen Gesichtskreis trat: Pescara. War »Die Richterin« eine reine Figuration des Dichters, für die er lediglich nachträglich das passende historische Gewand suchte, so fesselte ihn hier die historische Figur dieses Renaissance-Kriegers, und er suchte ihr in seiner Darstellung mit nur ganz wenigen Abweichungen von der historischen Überlieferung gerecht zu werden. Da aber das geschichtliche Bild Pescaras schwankte, konnte er selber deutend und klärend am geschichtlichen Bild mitgestalten. Möglich, daß ihn gerade dies nach dem gefährlichen Vorstoß in die eigenen Erlebnisgründe besonders anzog.

Es scheint, daß er sich daher zunächst einmal in der Renaissance-Historiographie, die ihm ohnehin schon längst vertraut war, erneut gründlich umgesehen hat. Werke wie Rankes »Deutsche Geschichte im Zeitalter der Reformation«, Gregorovius' »Geschichte der Stadt Rom im Mittelalter«, Alfred von Reumonts »Vittoria Colonna« und Friedrich Schlossers »Weltgeschichte«, sogar des Paulus Jovius »Illustrium Virorum Vitae« und anderes ging damals erneut durch seine Hände. Ein Stück Weltgeschichte und ein Stück Geschichte der italienischen Nation, die ihm durch Bettino Ricasoli so nahe getreten war, sollte möglichst reich und farbig in Erscheinung treten.

Diesmal war ihm auch die Form, die er zu wählen hatte, kein Gegenstand des Zweifels. Dem kurzen Lebensabschnitt Pescaras von der Schlacht bei Pavia bis zum Tode und dem einfachen äußeren Ablauf war nur die Novelle angemessen. Und

94

nach dem gewagten Spiel mit dem Rahmen in der »Hochzeit des Mönchs« verzichtete er endgültig auf jede Umrahmung.

Dies alles läßt darauf schließen, daß er sich bei Abfassung des »Pescara« in einer zum mindesten scheinbar objektiven historischen Welt bewegte und einer Dissimilation der eigenen Welt nicht bedurfte. Dabei blieb er sich seiner letztlich doch höchst subjektivistischen Schreibweise stets bewußt. Die Stelle im Begleitbrief an seinen Freund Felix Bovet v. 14. 1. 1888, mit dem er ihm den »Pescara« übersandte, ist dafür höchst aufschlußreich. Denn nachdem er auf die historische Novelle als die ihm besonders gemäße Form hingewiesen, fährt er also fort: „Ainsi, sous une forme très objective et éminemment artistique, je suis au dedans tout subjectif et individuel. Dans tous les personnages du Pescara, même dans ce vilain Morone, il y a du CFM." Man mag diesen Satz zunächst als eine Trivialität abtun, und doch besagt er mehr als nur eine Selbstverständlichkeit. Betsy deutet diese Stelle wohl richtig, wenn sie auf den Reichtum der dichterischen Einbildungskraft ihres Bruders hinwies und den Satz dahin erklärte, daß er fähig war, vermöge seiner dichterischen Phantasie, eine reiche historische Welt lebendig zu gestalten. Dies bedeutet an und für sich noch nicht, daß der Dichter die eigene Problematik in die historischen Figuren hineinzuverlegen braucht; sicher wollte er dies Bovet gegenüber nicht andeuten. Der Dichter kann hier durchaus im Banne der Historie stehen und sich selber vergessen. Doch hindert dies nicht, daß wir auch so der persönlichen Problematik begegnen; nur hat sie hier die Form einer allgemein menschlichen Problematik angenommen. Es ist das Wiederauftauchen und die intensivere Auseinandersetzung mit dem Todesproblem, wie es sich ihm bereits in »Hutten« und in »Gustav Adolfs Page« dargeboten hatte. Pescara trifft seine Entscheidungen im hellen Bewußtsein, daß die Wunde, die er in Pavia empfangen, unheilbar ist und zum Tode führen muß. Die „Versuchung", die angebotene Krone von Neapel, trifft einen Todgeweihten. Der Verzicht auf den Verrat am Kaiser und auf die Rache für die ungerechte Hintansetzung ist kein heroisch-sittlicher Entscheid mehr, sondern die notwendige Folgerung aus dem Wissen um den nahen Tod. Das ist Pescaras unheldisches Heldentum. Das ist auch das unheroische Heldentum CFMs, daß er stets im Angesicht des Todes lebte. Aber es hebt den Herzog von Pescara auch in eine Höhe hinauf, wo er über den Leidenschaften und Bedrängnissen der historischen Wirklichkeit steht. Seine Annäherung an den Tod erhöht nicht die Spannung, sondern folgt einfach einem beinahe naturgesetzlichen und damit determinierten, fatalistischen Ablauf. Dabei betont der Dichter selber, daß er der Geschichte ohne Schwierigkeiten eine andere Wendung hätte geben können. Offenbar aber war ihm an dieser Deutung (Situation des geistigen Menschen im Angesicht des unmittelbar bevorstehenden Todes) alles gelegen. Nachdem er selbst das sechzigste Altersjahr überschritten, wurde ihm das Transitorische und die Hinfälligkeit des Daseins wieder heller bewußt. Die Fraglichkeit seiner stets von der Krankheit bedrohten geistigen Existenz und damit die Fraglichkeit seiner Identität stieg wieder heller ins Bewußtsein. Als 1885 sein Freund Nüscheler als pensionierter Generalmajor aus österreichischen Diensten in die Heimat zurückkehrte, bemerkte Meyer (im Brief an Lingg v. 23. 3. 1885), daß er zuweilen den Eindruck habe, drei- oder viermal gelebt zu haben. Eine gewisse Anfälligkeit seiner Halsorgane und damit eine dauernde Angst vor Erkältungen beeinträchtigte überdies die Schaffenslust in diesen Jahren. Es waren die Vorboten der ersten großen Alterskrise, die das Jahr 1888 beinahe gänzlich ausfüllen sollte. Das Wissen um die Todesnähe nahm wohl schon damals klarere Formen an. Das Bekenntnis L. v. François gegenüber (v. 31. 8. 1888): „So gerne ich noch einen literarischen Gang von 5—6 Jahren machen würde, so wenig fürchte ich ein früheres Ende", zog nur die Summe aus einer in jenen Jahren fortdauernden Grundstimmung. Was später in den Gedichten »Noch einmal« und »Auf dem Canal grande« lyrische Bildkraft gewann, hat schon die Grundstimmung der Pescara-Novelle beherrscht und wurde durch den Tod vertrauter Menschen wie seines Hausdieners oder Calmbergs (Mai 1887) und bekannter Dichterpersönlichkeiten verstärkt.

CFM hat auch mehrmals das lyrische Element im Pescara-Stoff hervorgehoben; es ging ihm also mehr um die Darstellung einer Lebensstimmung als um einen dramatischen Ablauf. In diesem Sinne und mit der Ambivalenz der Figuren überschreitet auch »Die Versuchung des Pescara« den Stil des Realismus und des damals auf höchsten Wogen fahrenden Naturalismus und nähert sich der Technik des inneren Monologs in der Novellistik Thomas Manns.

In der »Richterin« hat CFM eine Verknappung des Stils erreicht, der von vielen als schwer erträglicher Manierismus empfunden wurde. Der Dichter wußte darum und sah darin eine Gefahr seines Altersstils überhaupt. Darum bemühte er sich, davon so weit wie möglich loszukommen und eine behaglichere Breite und Fülle anzustreben (an Haessel am 16. 4.

1887). Damit suchte er die Lektüre zu erleichtern „ohne Abbruch an Tiefe". Dieses Ziel hat er in »Pescara« erreicht und ist dabei doch der einfachen und zurückhaltenden Darstellung, die seinem Wesen entspricht, treu geblieben. Der Erfolg war denn auch trotz der abermaligen Unkenrufe des Verlegers sogar für den Dichter selber überraschend.

Haessel sah sich veranlaßt, obwohl er bei allem zur Schau getragenen Pessimismus auf den ersten Anhieb drei Auflagen zugleich drucken ließ, schon auf Ende des darauffolgenden Jahres eine korrigierte Neuauflage vorzubereiten, und noch im Erscheinungsjahr der Erstauflage wurden eine englische und eine italienische Übersetzung (letztere wieder von Valabrega) vorbereitet. Begreiflich, daß ihm der Dichter das Lamento, es seien lauter „Krebse" (Remittenden) zu erwarten, nachträglich vorhielt, um so mehr, als er auch den eindrücklichen Titel gegen dessen Einwendungen hatte durchsetzen müssen.

Im Zusammenhang mit der Entstehung des »Pescara« ist noch auf eine Streitfrage hinzuweisen: auf die Rolle der Krankheit des deutschen Kronprinzen, späteren Kaisers Friedrichs III.

Zäch negiert auf Grund der historischen Daten einen Zusammenhang und nennt die Erkrankung und den frühen Tod des Kaisers Friedrich einen Monat nach seiner Thronbesteigung und ein halbes Jahr nach Erscheinen des »Pescara« eine rein zufällige Koinzidenz, die den Dichter erst nachträglich berührte. Dieser Ansicht stehen nun aber die beglaubigten Daten entgegen. CFM hatte, wie bereits angedeutet, eine für einen Schweizer geradezu abwegig hohe Verehrung für das junge deutsche Kaiserhaus und verfolgte seit 1870 dessen Schicksal und die Entwicklung der deutschen monarchischen Reichspolitik mit leidenschaftlichem Interesse. Und nun waren Ende März 1887, als Meyer am Abschluß seines ersten Diktats des »Pescara« war, die ersten alarmierenden Berichte aus San Remo eingetroffen, wo der Kronprinz damals weilte. Die Nachricht, daß der Kronprinz von einer unheilbaren Krankheit (Kehlkopf-Krebs) befallen sei, alarmierte ihn im Innersten, und die Situation eines angehenden Kaisers, der vom Tode gezeichnet war, deckte sich erstaunlich genau mit der Situation seines Pescara, dem ebenfalls eine Krone angeboten war. Entgegen der bis dahin geübten Gewohnheit diktierte Meyer hierauf von Ende Mai bis Mitte Juli die Novelle seinem Vetter zum zweitenmal in die Feder, wobei es ihm zwar um die Klärung der Form ging, weil er das erstemal alle Aufmerksamkeit auf die Fabel und die Charakterzeichnung gerichtet hatte (Br. an Haessel v. 31. 5. 1887). In einem Brief an Rahn, den er zuvor für historische Einzelheiten zu Rate gezogen hatte, betonte Meyer noch am 25. 6. 1887, daß er das Werk noch einmal „teilweise umkomponiere". Wenn wir auch von der Art dieser Änderungen keine Kenntnis haben, so ist doch die Wahrscheinlichkeit sehr groß, daß das Schicksal des unglücklichen Kronprinzen, bei dem er dieselbe Todesgewißheit voraussetzen mußte, auf die Endfassung der Gestalt des Pescara und auf die Gesamtstimmung in grundlegender Weise eingewirkt hat.

So ist wohl aus dem »Pescara«, gerade wegen seiner an sich ungebrochenen und relativ kurzen Entstehungszeit die stilistisch und psychologisch reifste Frucht Meyers geworden. Der geradlinige Handlungsablauf und der Verzicht auf jegliches artistisches Spiel mit einem Rahmen und mit Unterbrechungen anderer Art, die klare Stellung des Helden zwischen seiner Gattin Victoria aus dem Hause Colonna und Morone, dies alles zeigt CFMs Novellenkunst noch einmal in einem neuen Licht. Daß er dabei auf das Moment der Spannung verzichtet und den Leser schon frühe über die Verfallenheit Pescaras an den Tod ins Bild setzt, läßt erkennen, wie wenig den Dichter hier das Spiel mit den Todesängsten interessierte, wie sehr ihm daran gelegen war — wie in »Hutten« —, das Dasein im Angesicht des Todes, seine eigene Lebensstimmung, in der Gestalt des Pescara zu objektivieren. B. v. Wiese hat auf diese Kunst der lyrischen Ausfaltung des Todesmotivs mit besonderem Nachdruck hingewiesen und hat auch diese Novelle unter die höchsten Leistungen der deutschen Novellenkunst eingereiht.

Literatur:

ADOLF FREY: Rez. in: NZZ, 16. 12. 1887; DERS.: Rez. in: Der Kunstwart Okt. 1887/Sept. 1888, S. 63 (von CFM mit Einschränkung angenommen; vgl. Brief an Frey v. 25. 12. 1887).

DERS.: CFM, S. 335—337 u. 341.

OTTO BLASER: CFMs Renaissancenovellen. 1905.

RUDOLF IGEL: Die Versuchung des Pescara. 1911.

WALTHER REHM: Das Werden des Renaissance-Bildes in der dt. Dichtkunst vom Rationalismus bis zum Realismus. 1924.

JOHANNES KLEIN: Die Versuchung des Pescara, in: Heimkehr zur dt. Dichtung. 1948.

W. D. WILLIAMS: Introduction and notes to Versuchung des Pescara. (Blackwell German Texts.) Oxford 1958.

ANNA VON DOSS: Briefe über CFM, hrsg. v. Hans Zeller. 1960.

HOHENSTEIN, S. 276—287; ZÄCH in: W 13, S. 370—465 (hier ist ganz besonders gründlich die Quellenfrage behandelt).

G. V. AMORETTI: Introduzione e note a cura d. Versuchung des Pescara. Mailand 1961.

BENNO VON WIESE: »Die Versuchung des Pescara«, in: Die dt. Novelle von Goethe bis Kafka, Bd I, 1964, S. 250—264.

GUSTAV BECKERS: Die Versuchung des Pescara. Vollständ. Text der Novelle, Quellen, Dokumentation. (Ullstein-Buch. Nr 5028.) 1965.

V. DAS ALTER (1888—1898)

1. Das Jahr der Krisis

Noch konnte CFM das zunächst erfreuliche Echo auf den »Pescara« ungetrübt auskosten. „Das Buch als solches wird allgemein hoch gestellt", schrieb er am 18. 11. 1887. Aber eine Menge von Zuschriften mit diametral widersprechenden Urteilen (Br. an Rahn v. 9. 12. 1887) brachte ihm bald eine Ernüchterung, ja schließlich — und zwar schon eine Woche später, am 21. 12. — schreibt er an François Wille: „Der Pescara ist mir völlig verleidet à force d'en entendre parler und ich hefte meine Augen auf das Werdende. Er hat übrigens Erfolg." Was er nun für ein Werdendes im Auge hatte, wissen wir nicht, und die Abneigung gegen ein abgeschlossenes Werk ist bei Meyer öfter zu beobachten. Aus einer gewissen Euphorie heraus, die ihn am 25. 11. (an Wille) schreiben ließ, daß das Aufsehen, das der »Pescara« erregte, verbunden mit den Neuauflagen und Übersetzungen ihm „eine — wenn auch höchst prekäre — Macht in die Hände lege", war er in eine depressive Stimmung abgesunken. Am Jahresende befiel ihn eine Entzündung der Halsorgane, die zuzeiten zu Atemnot, Erstickungsängsten und fast unerträglichen Würgeschmerzen führte. Bald mußte er auf jede literarische Arbeit, ja auf den Empfang von Besuchen verzichten und seine Korrespondenz auf das Nötigste beschränken. Es erscheint als sicher, daß die körperliche Erkrankung mit depressiven Stimmungen verbunden war, ließ er doch treue Freunde wie Louise v. François und Julius Rodenberg viele Monate ohne Nachricht, und gegenüber Haessel beschränkt er seine Äußerungen auf das geschäftlich Notwendigste und auf die Teilnahme an dessen familiären Sorgen. Wohl verfolgte ihn auch während der Krankheit der Plan zu einem Roman, sei es, daß er den »Dynasten« oder »Petrus Vinea« wieder ins Auge faßte. Allein zu schöpferischer Leistung fühlte er sich außerstande. „Sie reden mir von Dramen", schrieb er am 4. 4. an Haessel, „d. h. einem Kranken vom Fliegen." Die Anwendung der sog. Galvanokaustik, einer damals in Mode gekommenen Physiotherapie, blieb ohne Erfolg, ebensowenig ein Aufenthalt im Kurhaus Gottschalkenberg. Drei Ärzte wurden konsultiert, ohne Erfolg. Auf depressive Aspekte dieser Krankheit läßt auch Meyers Entscheidung schließen, die geliebten Berge nicht aufzusuchen, aus Furcht vor dem Gasthausleben. Wurde er wieder von Lebensängsten und Menschenscheu beherrscht? Im Frühling kam zu dem nur langsam nachlassenden Halsleiden, das eine Zeitlang auch Lunge und Herz in Mitleidenschaft zog, noch eine Entzündung der Nasenschleimhaut hinzu. Da Meyer jedes Kurhaus- und Hotelleben scheute, entschloß man sich nach Mitte Juli, das Schloß Steinegg im Thurgau, das der Familie Ziegler gehörte und wo sich der Dichter schon im August 1877 aufgehalten hatte, aufzusuchen. Waldluft und Stille und die Beiziehung eines weiteren Arztes aus Frauenfeld (des auch schriftstellerisch tätigen Dr. Elias Haffter) brachte etwelche Erleichterung. Es scheint, daß Haffter den Mut hatte, dem Dichter zu sagen, daß das zunehmende „Embonpoint" eine Hauptursache seiner gesundheitlichen Störungen sei und daß er sich strenger Diät zu befleißen hätte. Von einer Heilung wagte Meyer, anfangs Oktober nach Kilchberg zurückgekehrt, noch nicht zu sprechen. Über das Jahresende hinaus blieb jedenfalls eine, wie es CFM selber ausdrückte, große Lebensunsicherheit bestehen, und rückblickend auf das Jahr 1888 schreibt er am 28. 12. an F. Bord: „Celle (sc. l'année) qui va finir a été l'une des plus difficiles de ma vie." Mit dem anschließenden Hinweis, daß es das 63. Altersjahr, das kritische Jahr für die Männer, gewesen sei, läßt er den Schluß zu, daß er sich allmählich über die Bedrohnis hinwegzusetzen vermochte. Aber die Lebensunsicherheit hemmte fortan seine Schaffenskraft. Es macht denn auch den Eindruck, daß ihn jede, auch die kleinste literarische oder gesellschaftliche Verpflichtung nach der Krankheit viel mehr Mühe kostet als zuvor und daß in all seinen Unternehmungen eine deutliche Verlangsamung eintritt. Wohl entstehen in den kommenden Jahren (vgl. W 2, S. 14) noch eine Reihe der schönsten lyrischen Gebilde wie »Mein Stern«, »Wanderfüße«, »Noch einmal«, »Auf dem Canal grande« (alle 1889) und »Mein Jahr«, »Il pensieroso« (1890) und das ergreifende »Ein Pilgrim« (1889/91). Aber sie wirken wie letzte kostbare Früchte spätester Reife. Und wenn er die Jahre bisher nach den Prosa-Werken, die in ihnen reiften, zählen durfte, so muß er sich für die letzte seiner Novellen, »Angela Borgia«, einen Zeitraum von drei Jahren offen halten, und da gerade in diesem Falle die Quellen der Entstehungsgeschichte reicher als sonst fließen, läßt sich auch die Mühe, die ihn nunmehr das Schaffen überhaupt kostet, deutlich genug ablesen.

Eine Ehrung, die dem Dichter anfangs Dezember zuteil wurde, mag den sinkenden Kräften neuen Auftrieb gegeben haben: die Verleihung des bayrischen Maximilian-Ordens. Daß die Auszeichnung aus Deutschland kam, dessen politische Geschicke er mit Leidenschaft verfolgte und dessen monarchistische Ordnung er bewunderte, war ein Zeichen dafür, daß sein Ansehen längst ein alldeutsches geworden und bisher ungeschmälert geblieben war.

2. »Angela Borgia«

Das Jahr 1889 darf als das Jahr der seelischen Genesung und des sich Wiederfindens bezeichnet werden. Vertraute Stoffe, mit denen er sich schon lang beschäftigt hatte, traten erneut an ihn heran: »Der Dynast« (Graf v. Toggenburg), »Petrus Vinea« und anderes. Dann aber drängt sich plötzlich ein Stoff vor, mit dem er sich — nach Betsys »Erinnerungen« (S. 95) — schon zu Ende der vierziger Jahre und in der Entstehungszeit der »Romanzen und Bilder« beschäftigt hatte: das Haus Borgia. Diesen Entscheid mögen mehrere Gründe herangeführt haben. Vor allem drängte es ihn, noch oder wieder einmal nach dem längeren Unterbruch seine Kunst an einem Novellenstoff zu erproben; offenbar hatte er dabei das Gefühl, daß die Zeit dränge. Daher scheute er vor längeren historischen Studien, welche die beiden anderen Stoffe zweifellos gefordert hätten. In der Renaissance, in die ihn »Plautus im Nonnenkloster« und »Die Versuchung des Pescara« hineingeführt, durfte er sich bereits zu Hause fühlen. Dagegen packte ihn noch einmal der „Dramenteufel", und noch einmal mühte er sich mit dramatischen Entwürfen ab, bis er schließlich, wohl zu Ende des Jahres 1890, zu der ihm gemäßen Novellenform zurückkehrte. Aus dem Gedicht »Cäsar Borgia« der »Romanzen und Bilder« hat er außer der stofflichen Anregung nichts übernommen. Wahrscheinlich stieg ihm das tragende Motiv erst im Laufe des Jahres 1890 ins Bewußtsein. Von da an spricht er von den zwei Frauen, die eine mit zu wenig, die andere mit zu viel Gewissen. Die Faszinationskraft ging für ihn von diesen beiden Frauen aus. Dabei bemühte er sich, wie Alfred Zächs Quellennachweise (W 14, S. 170—186) zeigen, um möglichste Anlehnung an die historischen Quellen. Indes ist wohl zu beachten, daß die Quellen über Angela Borgia, die zarte und opferfreudige Gegenspielerin Lucrezias, äußerst mager flossen, ja, daß der Dichter, um ihr Blut und Leben einzuflößen, zu einer Geschichtsklitterung die Zuflucht nehmen und ihre Gestalt mit derjenigen der Lucia Viadagola, der „schönsten Tochter Bolognas" (Raumer, Bd 4, S. 199; W. 14, S. 178) vereinigen mußte. Offenbar ging es dem Dichter darum, eine in jedem Sinne ebenbürtige Kontrastfigur zu Lucrezia zu schaffen. Die poetische Leistung ist somit auf die Figur Angelas zentriert. Tatsächlich versuchte Meyer auch nach Erscheinen des Werkes, die Aufmerksamkeit seiner Kritiker auf sie zu lenken, da sie „bei den Lesern (...) unbillig hinter die immer noch männerberückende Lucrezia zurücktrat" (Br. an Lina Frey v. 30. 11. 1891). Nach derselben Richtung weist die Titelfassung, bei der er unentwegt blieb, und die Tatsache, daß, wenn er die Novelle erwähnte, einfach kürzend von „Angela" sprach. Daß dieser Name nicht zufällig mit der Figur Engels in »Engelberg« zusammengeht (CFM hatte 1887 deren 2. Aufl. vorbereitet), ist bis jetzt noch wenig beachtet worden, obwohl die Konzeption der beiden Figuren gewisse auffallende Übereinstimmungen zeigt. Daß in beiden die christliche Hingabe und Opferbereitschaft in der Mitte ihres Seins steht, verweist auf die Wandlung oder vielmehr Rückverwandlung, die sich im Spätwerk Meyers erkennen läßt: die Regeneration der christlichen Gläubigkeit, die im Verlauf der schweren Erkrankung erfolgt sein muß. Dies wird im Gedicht »Alle« (1890) schon unverkennbar. Daß er nun neben die rücksichtslose und gewissenlose Täterin, die hingebende und opferfreudige Dulderin und damit neben den bis dahin lange bevorzugten Tatmenschen den leidenden, zum Opfer und zur Hingabe bereiten stellt, läßt die Regression des an anderer Stelle (S. 33, 57 f.) angedeuteten Säkularisationsprozesses in CFM erkennen. Wohl bleibt für den Dichter die Faszination des rücksichtslosen, von seinen Leidenschaften allein bestimmten Renaissance-Menschen, wie er etwa in der Figur des Kardinals Ippolito d'Este gestaltet ist; aber neben die Gewissenlosen treten jene, die nicht mehr die Früchte ihrer schrankenlosen Leidenschaften sind, sondern die über sich hinauswachsen und im Dienst einer höheren Instanz, des Staates oder der überpersönlichen Gerechtigkeit, eine bessere Welt zu schaffen suchen: Donna Lucrezia und Don Alfonso, Ippolito und Ferrante leben ohne Gewissen ihren rein egozentrisch bestimmten Zielen. Aber über sie hinaus ragen die zentralen Figuren dieses von so vielen Freveln durchsetzten Spieles: Giulio und Angela, der weichliche und gewissenlose Erotiker und die in der Strenge des Klosters erzogene Virago. Giulio entsagt nach seiner Blendung dem Rachegeist und kämpft sich durch zu einem gottgefälligen Leben. Angela verwandelt ihre moralistisch gefärbte Abscheu vor dem Wüstling Giulio in eine höchst sublime, zu allen Opfern und zu jeder Entsagung bereiten Liebe zu einem Unglücklichen und Entstellten. Das Vorbild dieser zwei vermag veredelnd auf die wüste und amoralische Welt von Ferrara zurückzuwirken. Gewiß, an einigen Stellen, wie im 8. Kap., erreicht oder übersteigt das kriminalistische Element am entarteten Hofe der Este die Grenzen des Erträglichen, und der Dichter scheint von den kolportagemäßig aneinandergereihten grausamen und überspannten Bildern selbst berauscht zu sein. In den barokken Wucherungen dieses Stils kehrt Meyer auch wieder zu der Handlungsfülle der Anfangsprosa zurück, welche die Erzählweise des »Amuletts« kennzeichnet. Allein Stimmung und Ablauf der Handlung sind geschlossener, klarer, ja verwegener. Die schönen Augen Giulios und ihre Blendung gehen als ein Leitmotiv durch das ganze Stück und halten es zusammen. Dabei lassen sich Verbindungslinien nicht nur zu »Engelberg«, sondern auch zur »Richterin« ziehen. Stellen wie das 3. Kap. (bes. W 14, S. 29) erzwingen geradezu den Vergleich zwischen Stemma und Lucrezia. Dies gilt auch für die Funktion der Geschichte. Frevelmut und unnatürliche Grausamkeit werden, wie dies das spätere 19. Jh. sehen lernte, als Folgen des Zeitstils und Zeitgeistes, als Milieuschädigungen entschuldigt. Damit wird das Verwegene und Außergewöhnliche auf das Maß natürlicher Ursachen und Wirkungen zurückgeführt.

Alfred Zäch weist überzeugend nach, daß die Formulierung des Leitthemas „zu wenig und zu viel Gewissen" aus Otto Ludwigs Shakespeare-Studien stamme (W 14, S. 172). Dies läßt überhaupt auf eine stärkere Beeinflussung dieses Werks durch das zeitgenössische Schrifttum schließen. Tatsächlich hat sich CFM gerade in jenen Jahren mit der zeitgenössischen Literatur auseinandergesetzt. Ibsens »Hedda Gabler«, Strindberg, der junge Gerhart Hauptmann und nicht zuletzt die großen Russen Turgenjew, Dostojewski und schließlich Tolstoi haben ihn stark beeindruckt (Br. an Wille v. 16. 1. und 23. 1. 1891). Im allgemeinen kann eine Entfernung von den früheren Bindungen an die französische und eine stärkere Zuwendung an die nordische und russische Literatur wahrgenommen werden. Die neuen Problemstellungen, das soziale und das psychologische Engagement in Drama und Erzählprosa der Zeit ließen ihn nicht unberührt, aber ängstigten ihn mehr, als daß sie ihn ermunterten. Jedenfalls müßte das letzte Prosawerk Meyers, das zweifellos am stärksten unter diesen neuen Einflüssen steht, auf diese zeitgenössischen literarischen Einflüsse hin genauer überprüft werden. Das naturalistische Element, die Blut- und Greuelszenen, die die Zeitgenossen schwer begriffen (vgl. Ad. Frey in: NZZ v. 19. 12. 1891) würden sich wohl, zum Teil wenigstens, als Angleichung an den neuen naturalistischen Stil erkennen lassen; zum andern Teil allerdings sind sie die Angst-Visionen und neurotischen Figurationen eines geschwächten, seiner Debilität halb bewußten Menschen. Sicher ist, daß CFM viel mehr als zuvor seine Schaffenskräfte mit heroischem Willen und äußerster Selbstdisziplin zusammenhalten mußte, wobei er auch noch einer strengen, durch seine Gattin überwachten Tagesordnung unterworfen wurde. Spaziergänge und Aufenthalte in freier Luft, von den Ärzten mit guten Gründen angeordnet, erzwangen die Erstreckung aller Arbeiten auf längere Fristen.

Da der Vetter Fritz Meyer um diese Zeit dem Dichter nicht mehr zur Verfügung stand, nahm er Zuflucht bei Betsy, die sich bereit erklärte, von Männedorf, ihrem damaligen Wirkungs- und Wohnort, nach Kilchberg herüberzukommen. Es besteht gar kein Zweifel, daß die Schwester am Zustandekommen der Endfassung bedeutende Verdienste hat. In den Vormittagsstunden arbeitete sie mit ihrem Bruder dessen Manuskript Wort für Wort durch, wobei dieser noch wichtige Änderungen vornahm. Auf Mitte Juli war eine Übersiedlung nach dem Schloß Steinegg — wie das Jahr zuvor — vorgesehen. Da der Dichter sich Rodenberg gegenüber verpflichtet hatte, das Manuskript Mitte August abzuliefern, geriet er in Zeitnot, und Betsy war damit einverstanden, ihrem Bruder und dessen Familie auch dorthin zu folgen. Dort wurde mit gleicher Intensität weitergearbeitet. Betsy schrieb an den Nachmittagen, was sie am Morgen gemeinsam durchgeackert hatten, ins Reine. Zugleich stellte im Zimmer nebenan der Gärtnerbursche Karl Schilling aus Frauenfeld, der im Schloßgut arbeitete und über eine schöne Handschrift verfügte, eine Kopie her. Die Angst des Dichters um sein jüngstes Werk war so groß, daß er zu dieser Maßnahme griff, um dessen Bestand zu sichern. Dieses Exemplar ging unmittelbar danach an Haessel ab, damit sich dieser für die auf November geplante Buchausgabe ein Bild machen konnte. Wir können hier nicht auf die Handschriften- und Druckkollisionen, die sich wegen Haessels eigenmächtigem Vorgehen ergaben — er druckte ohne Erlaubnis des Autors den Schluß der Novelle nach Karls Abschrift —, eingehen, sondern verweisen hier auf die präzisen Ausführungen Alfred Zächs (W 14, S. 155—157, ferner S. 311—316). Sicher ist, daß die äußerste Konzentration, der sich der Dichter vor allem gegen den Schluß der Niederschrift unterzog, dem Werk nur zugute gekommen, daß aber die Überanstrengung im zweiten Teil der Novelle an den oft allzu knappen und sprunghaften Formulierungen erkennbar ist.

Der pünktliche Abschluß auf Mitte August 1891 war die Frucht eines heroischen Durchhaltewillens seinem Freunde Julius Rodenberg zuliebe. Aber die Folgen waren für die Nächsten, für Betsy vor allem, unverkennbar. Nach dem Abschluß des Manuskripts und der zum Teil äußerst mühseligen Korrekturen am Rundschau-Text waren des Dichters Kräfte ausgeschöpft. Die Korrektur des Buchtextes mußte er bereits seiner Schwester überlassen. Er selbst versuchte nach neuen schöpferischen Ufern aufzubrechen, zumal ihn die widersprechendsten, wenn auch im allgemeinen höchst anerkennenden Urteile mehr und mehr an seinen dichterischen Gaben irre machten. Daß er in einem täglichen Hin und Her von Briefen, Karten und Telegrammen mit dem Verlag um eine makellose Buchausgabe rang und daß ihn auch die kleinsten Bemängelungen an seinem Werk tiefer als je trafen, zeigt mit aller Deutlichkeit, daß die Widerstandskräfte gegen die andringende Krankheit im Schwinden begriffen waren.

Das Jahr darauf (1892) sollte zum Schicksalsjahr werden, in dem sein hellwacher Geist nach der kleinen kurzen Strecke zum erstenmal für längere Zeit „drüben als ein unverständlich Murmeln" erlosch (W 1, S. 164). Daß bereits die Zeit, während »Angela Borgia« wuchs, unter der Vorahnung kommenden Ungemachs stand, verraten seine wiederholten späteren Bemerkungen, daß er — neben Angela — die Gestalt Don Giulios prophetisch geschrieben habe (an Frau von Doß am 13. und an Ad. Frey am 17. 9. 1892).

Die hereinbrechende Krankheit hat den Dichter daran gehindert, die vorbereitenden Manuskripte zu verbrennen, wie er es sonst zu tun pflegte. So hat sich von dieser Novelle der Entwurf, der in der ersten Jahreshälfte 1891 entstanden ist, bis auf den Anfang beinahe vollständig erhalten, aus dem Meyer mit Hilfe seiner Schwester die Endfassung erarbeitete. Der Vergleich der beiden Texte läßt bedeutende Einblicke in die Schaffensweise bei Prosa-Texten zu und bedürfte einer präzisen Untersuchung. Sicher ist, daß sich hier, ähnlich wie in der Versdichtung, eine geschmackssichere, aber langsam wirkende Gestaltungskraft erkennen läßt. In den seltensten Fällen werden wir eine verworfene oder veränderte Partie oder eine gänzliche Neufassung bedauern. Oft ist vielmehr der Sprung von trivialen, manchmal schwerfällig-ungeschickten oder geschmacklosen Formen zur Endfassung ein gewaltiger. Gewiß, eine neue Überprüfung hätte, wenn der Dichter hiezu noch Zeit gefunden, noch einmal bedeutende Straffungen und Kürzungen gebracht; die Veränderungen vom Rundschau- zum Buchtext bezeugen es.

Doch ist auch so der gestalterische Wandel bewundernswert. Ein Werk von besonders zarten spirituellen Feinheiten, eingebettet in eine wild-dämonische, amoralische Welt: auch in dieser Hinsicht ein Spiegel des heroischen Kampfes eines subtilen Geistes mit den immer mächtiger herandrängenden Dämonen der Tiefe.

Literatur:

LINA FREY: Rez. in: Schweizer Rundschau I, 1891, Okt./Dez. S. 321 f., abgedr. in: W 14, S. 164 f.

ADOLF FREY: Rez. in: NZZ, 19. 12. 1891.

Th. WYZEWA: Un Romancier suisse, in: Revue des Deux Mondes 152, 1898, zit. bei: dHCFM, S. 533 (scharf ablehnend).

GRITTA BAERLOCHER: Die Geschichtsauffassung CFMs. Diss. Zürich 1922.

FRIEDRICH WEISHAAR: CFMs »Angela Borgia«. 1928.

ZÄCH in: W 14, S. 137—433 (behandelt mit erschöpfender Gründlichkeit die entstehungsgeschichtl., die quellen- u. die textkrit. Probleme).

BRUNET, S. 344—363.

Zur Frage der Stellung CFMs zur Renaissance vgl. die Literatur zu »Huttens letzte Tage«, »Plautus im Nonnenkloster«, »Die Versuchung des Pescara«.

3. Dämmerung und Ende

Der Verstimmungen über die widersprüchlichen kritischen Äußerungen der Öffentlichkeit zu »Angela Borgia« suchte der Dichter durch eine entschlossene Zuwendung zu einem neuen Plan Herr zu werden. Er schwankte zwischen dem »Dynasten« (Graf v. Toggenburg) und einem Roman um Friedrich II. und Petrus Vinea. Auch den „Comturstoff" erwog er von neuem und spielte zudem mit einem neuen Thema: Pseudo-Isidor. Im Febr. 1892 scheint er sich (Br. an Haessel v. 2. 2. 1892) für den Comtur entschieden zu haben. Aber schon Ende 1891 wurde er von einem Augenleiden befallen, das vom Arzt als Augenschleimhaut-Entzündung diagnostiziert wurde (Br. an Frey v. 9. 12. 1891). Das Leiden dauerte fort und zwang ihn, das Lesen und Schreiben ganz einzustellen, und schon am 9. 2. 1892 schreibt er J. V. Widmann nach Bern, daß er voraussichtlich 2—3 Jahre stille bleiben und, wenn er noch etwas zustande bringe, vieler Sammlung bedürfe. Das Augenleiden nahm ihm mehr und mehr die Entschlußkraft. Er suchte die Ursachen seiner Krankheit und der Willensschwäche in der Überanstrengung, die der infolge eines Setzerstreiks in Leipzig überstürzte Druck der »Angela Borgia« bewirkt hatte.

Stärker als in der Krise von 1888 befiel ihn mit dem somatischen Leiden eine Depression. Zu schriftlichen Formulierungen oder zu Diktaten dichterischer Texte reichten bald die Kräfte nicht mehr aus. Schließlich wurde ihm auch für das Briefeschreiben die Feder zu schwer. Schon Ende März stellten sich Wahnvorstellungen ein, „Entwirklichungen" seiner menschlichen Existenz zugunsten dichterischer Figuren und Situationen, mit denen er sich identifizierte.

Mitte des Jahres (am 7. 7.) wurde CFM mit seiner Einwilligung in die Anstalt Königsfelden eingeliefert. Dort verblieb er, sehr umsichtig und rücksichtsvoll betreut, bis zum 27. 9. 1893. Seine Krankheit wurde vom leitenden Arzt, Dr. WEIBEL, als „senile Melancholie" etikettiert.

Ende Sept. kehrte er in sein Heim nach Kilchberg zurück. Sein Geist hatte sich, wenn auch nur in beschränktem Maße, wieder aufgehellt; körperliche Leiden scheint er keine schwerwiegenden mehr gehabt zu haben, außer daß die körperliche Immobilität, die ihn schon vor der ersten Erkrankung belästigt hatte, sich verstärkte. Er konnte wieder lesen und am geistigen Leben Anteil nehmen; doch die Betreuung seines Oeuvres ließ er ganz seinen Händen entgleiten.

Die fortdauernd nötig werdenden neuen Auflagen aller seiner Werke und die diesbezügliche Korrespondenz besorgte mit den ihr zur Verfügung stehenden Gaben die Schwester BETSY. Schon während der akuten Krankheit, wahrscheinlich sogar während des letzten Aufenthaltes auf Schloß Steinegg, hatten sich aber Spannungen zwischen Frau Meyer-Ziegler und Betsy ergeben. Es scheint, daß diese sich vermehrt in die Betreuung ihres Bruders einzuschalten versuchte und auf eine entschiedene Ablehnung von seiten der Gattin des Dichters stieß. Spannungen seelisch-geistiger Art mögen auch zwischen den Ehegatten eingetreten sein; die Gefahr, daß sich der Gatte dabei wieder stärker an die Schwester anschlösse, mag die selbst- und gesellschaftsbewußte, aber geistig eher enge Gattin mit resoluter Fernhaltung ihrer Schwägerin behoben haben. Auch die Tochter Camilla schloß sich mit zunehmenden Jahren diesem Komplott gegen die Schwester an, eine menschliche Konstellation, die eines tragischen Zuges nicht entbehrt, wenn wir bedenken, wie groß das Einfühlungsvermögen Betsys in die seelische Lage des kranken Bruders war. Ihre Besuche und Beziehungen mußten sich mehr und mehr, auf Wunsch der Hausherrin, auf das

Notwendigste beschränken. Die Wahrscheinlichkeit ist sogar groß, daß Frau Meyer die zunehmende Willensschwäche ihres Mannes für ihren Streit gegen die Schwester ausnützte und diese als Vermittlerin und Betreuerin des geistigen Besitzes auszuschalten suchte. Die Forschung, die lange genug den Nimbus einer edlen Dichter-Gattin um Frau L. Meyer-Ziegler gebreitet hat, wird endlich die wahre Tonlage des Briefes von CFM an Julius Rodenberg vom 5. 11. 1895 zur Kenntnis nehmen müssen. Und wer alle Dokumente, welche die Beziehung zwischen Bruder und Schwester bezeugen, vor Augen hat, wird Lily Hohenstein und Maria Nils Recht geben, die der Überzeugung sind, daß dieser Brief dem willenlosen Dichter in die Feder diktiert wurde. Sollte dieser Brief doch nichts weniger als einen Keil zwischen Rodenberg und Betsy treiben. Man vergleiche das schönste Bekenntnis Meyers zu seiner Schwester, das Gedicht »Ohne Datum« mit den kompromittierenden Sätzen des erwähnten Briefes: „Meine Schwester ist kein Glücksstern auf meinem Lebensweg. Dies ist eine zu delikate Sache, um sie der Welt zu offenbaren. Ich finde mein einziges Glück in meiner lieben Frau, die durch Glück und Unglück zu mir hält und nur für mich lebt." Diese hohlen Sentimentalitäten können nur entweder von einem Menschen stammen, dessen Geist sich selber völlig entfremdet war oder der dazu überhaupt nur die Bewegungen seiner Hand hergegeben hat. Wenn Frau Meyer ihre Schwägerin sogar eines unsauberen Verhältnisses zum Verleger Haessel bezichtigt, weil dieser sich eher an Betsys als an Frau Louise Meyers Weisungen hielt, dann ist damit das Niveau gekennzeichnet, auf dem sich diese Frau bewegte. Von ihrer Anteilnahme am Schaffen des Dichters haben sich keine Spuren erhalten.

Der Dichter selbst ist mit Ausnahme der letzten poetisch-religiösen, im Tone der Erbauungspoesie gehaltenen Versuche, die im Zusammenhang mit der Darstellung seines lyrischen Schaffens erwähnt wurden, stumm geblieben. Freundschaften, die ihm im Laufe seines Lebens das kostbarste Besitztum waren, versickerten in seinem Schweigen. Der Rest seines Daseins dämmerte dahin in einer passiven, gegen den Schluß sogar wieder euphorisch getönten Freundlichkeit, mit der er mit der engsten Umgebung in Beziehung blieb. Am 28. Nov. 1898 wurde er, als er einen Artikel über Goethe von Wilhelm Scherer in einer Rundschau-Nummer (v. Okt. 1878) in den Händen hielt, von einem Herzschlag überrascht, der ihn ohne Schmerzen dahingehen ließ.

Literatur:

Über CFMs Krankheit und Ende vgl. vor allem:

MARIA NILS: Betsy, die Schwester CFMs, 1943, S. 242—301; vgl. auch den Brief Betsy Meyers (19. 5. 1892) an Herm. Haessel, abgedr. in: Die schöne Literatur 26, 1925, Okt., S. 447—449.

ARTHUR KIELHOLZ: CFMs Beziehungen zu Königsfelden, in: Monatsschrift für Psychologie u. Neurologie 109, 1944, Nr 4—6.

EMIL BEBLER: Die letzten Lebensjahre CFMs, in: Sonntagsbl. der Basler Nachrichten, 1948, Nr 48.

Nekrologe und Notizen aus Zeitungen u. Zeitschriften, ges. zwischen 1898—1908. Zentralbibliothek Zürich unter Z. Nekr. M 37.

VI. Conrad Ferdinand Meyers religiöse Welt

CFMs religiöse Entwicklung geht, wie die biographischen Darlegungen gezeigt haben, mit dem Wesen seiner psychischen Entwicklung parallel. Die zwinglianische Glaubenswelt, der er entstammte, durch den Pietismus der Mutter auf einen unerträglichen Moralismus reduziert und einen sozusagen totalen Selbstverlust anstrebend, führte nicht zu einem Bruch mit der angestammten Konfession wie bei Gottfried Keller, sondern wurde durch den calvinistisch gefärbten Protestantismus, in dem ein stoisches Pflichtethos im Vordergrund stand, vertieft und erweitert. Zugleich gewann die weltflüchtige Gnadenreligion eine diesseitsfreudige, realistische Komponente, durch die erst Natur und Kunst als Emanationen Gottes zur Anerkennung gelangen konnten. Diese Rehabilitation der Welt, in Préfargier angelegt, erreichte im Italienerlebnis ihren Höhepunkt.

Zwar blieb CFM im theoretischen Bereich dem Katholizismus eher abhold, bekennt er doch einmal, daß es ihm leichter falle, dem Judentum gegenüber Verständnis aufzubringen als dem Katholizismus. Dies verhinderte aber nicht, daß er, von seinem Freunde Vuillemin dazu angeregt, neben Alexandre Vinet auch Pascal las und von ihm entscheidende Klärungen empfing. Daneben wurde ihm ein werk- und bildfreudiges, von Ritus und Brauchtum getragenes Christentum zugänglich und gewann mehr und mehr Anerkennung, während er den strengen Dogmatismus, welcher Observanz auch immer, entschieden ablehnte. Von Zusammenhängen zwischen Triebwelt und Glaubenswelt scheint er, wenn wir uns die Figur Loyolas (in »Hutten«) oder die mehrmals erscheinende Madonnenverehrung vor Augen halten, bereits klare Vorstellungen gewonnen zu haben. Von den religionsfeindlichen radikal-materialistischen Strömungen wurde er zwar nicht mitgerissen, aber die Ambivalenz alles Glaubens war ihm als einem Kind des 19. Jhs durchaus bewußt. Er setzte sich daher auch mehr und mehr mit den religiösen Phänomenen in poetisch-spielerischer Weise auseinander und schreckte auch nicht vor blasphemischen Äußerungen zurück, die er seinen Gestalten in den Mund legte, ohne freilich je ganz der religiösen Geborgenheit in der gnadenreichen Liebe des Schöpfers (vgl. Kap. »Gedichte«, s. S. 77 f.) ver-

110

lustig zu gehen. Soll er doch täglich seine Bibel-Andacht gehalten haben. Als körperlich und seelisch labiler und tangibler Mensch von der Flüchtigkeit der Zeit und vom Bilde des nahen Todes stets verfolgt, dessen Verlockungen er in Zeiten geschwächter seelischer Widerstandskräfte ausgesetzt war, sank er nach dem Ausbruch der Alterskrankheit in einen frömmelnden Pietismus zurück, der demjenigen seiner Mutter nicht unähnlich sah. In gesunden Zeiten jedoch nahm sein eschatologischer Erlösungsglaube eine Form an, die sich dem optimistischen, säkularisierten Fortschrittsglauben des 19. Jhs annäherte (so im Gedicht »Alle« und in »Friede auf Erden«; W 1, S. 260, 263).

Literatur:

OTTO FROMMEL: CFM, in: Neuere dt. Dichtung in ihrer religiösen Stellung. 1903.

B. STEIN: Neuere Dichter im Lichte des Christentums. 1907.

WALTER KÖHLER: CFMs religiöser Charakter. 1911.

G. BENZ: CFM als Dichter des Protestantismus. 1911.

EMIL ERMATINGER: CFM u. der Protestantismus, in: Zeitwende I, 1925, H. 2.

DERS.: CFMs religiöses Ringen und künstlerischer Durchbruch, in: Krisen u. Probleme der neueren dt. Dichtung. 1928.

F. ANDERS: CFM und der Katholizismus, in: Ztschr. für d. kath. Unterricht 8, 1931; dazu: F. Hammerschmidt: ebda 9, 1932.

M. COLLEVILLE: Le problème religieux dans les novelles de CFM, in: Etudes German. 1947, H. 2/3.

W. HUTZLI: Der Glaube im Werk CFMs. 1947.

R. FISCHER: CFM. Sein religiöses u. sittliches Vermächtnis. 1949.

MARIA FASSBINDER: CFMs religiöse Entwicklung, in: Stimmen der Zeit Bd 147, 1950/51.

G. HOHNE: CFM als Dichter des Protestantismus, in: Ztschr. für systemat. Theologie 21, 1950/51.

WERNER KOHLSCHMIDT: CFM und die Reformation, in: Jahresbericht der Gottfried Keller-Ges. 1958.

L. BERIGER: Ist CFM ein protestantischer Dichter?, in: Reformatio VII, 1958.

R. SPÖRRI: Es sprach der Geist. CFMs religiöse Botschaft. [2]1962.

CFM ist kein populärer Dichter und ist es nie gewesen. Sein ganzes auf Distanz und hohe Kunst zentriertes Wesen und die hohe Sprachkultur haben seinen Werken eine Breitenentwicklung versagt. Dagegen gelang es ihm, von Anfang an eine Lesergemeinde um sich zu scharen, die seine hohe dichterische Rangstufe erkannte, ehrte und seine oft meisterhaften Prägungen liebte. Die Tatsache, daß er immer wieder nach Klarheit und Durchsichtigkeit der Aussage strebte und daß seine Sprache an der Grenzscheide zweier Kultursprachen entstanden ist, macht seine Texte, die überdies von schweizerischen Dialektismen nur ganz sporadisch durchsetzt sind, für Übersetzungen geeignet. CFM ist zweifellos der meist übersetzte schweizerische Dichter. Seine Hauptwerke sind in alle Kultursprachen übertragen. Der Versuch, im Rahmen dieses Bändchens auch ein Verzeichnis der wichtigsten Übersetzungen aufzustellen, scheiterte am embarras de richesse: Die schweizerischen Bibliotheken, vor allem die schweizerische Landesbibliothek in Bern, die die Übertragungen schweizerischen Dichtungsgutes sammelt, weist davon eine sehr große Zahl auf, ebenso die Zentralbibliothek Zürich. Ältere Übersetzungen, die von der genannten Bibliothek noch nicht erfaßt wurden, findet man in der Stadtbibliothek Winterthur (aus der Sammlung R. Hunziker).

Abgesehen von der literarischen Nachwirkung hat CFM sowohl die bildende Kunst wie die Musik äußerst vielseitig beeinflußt. Auch hier scheiterte ein Versuch, eine Liste der wichtigsten Illustratoren und der Musiker zu erstellen, die sich von Texten und Dichtungen CFMs anregen ließen, an der Fülle des in den Bibliotheken registrierten Materials. Für die Musik ist die Stadtbibliothek Winterthur besonders reich ausgestattet. Eine wirkungsgeschichtliche Untersuchung kunst- und musikgeschichtlicher Richtung müßte höchst aufschlußreiche Ergebnisse zeitigen.

Ähnlich wie mit Gottfried Keller hat sich die Literaturwissenschaft schon sehr früh, bereits zu Lebzeiten des Dichters, mit Kunst und Dichterpersönlichkeit CFMs, mit seinem Verhältnis zur Geschichte, mit seiner besonderen Schaffensweise auseinandergesetzt. Die erste Gesamtschau, die vom Dichter selbst in jedem Sinne anerkannt wurde, versuchte Anton Reitler schon im Jahre 1885. Eine lange Reihe von Biographien setzte sich auf Grund des Nachlasses, der immer gründlicher erschlossen wurde, mit der soziologischen, psychologischen und künstlerischen Situation und mit dem Werdegang seines Dichtertums auseinander. Zu wenig Beachtung hat Robert d'Harcourts Biographie gefunden (dHCFM), während seine Dokumente zur Krise (dHC) vielseitig berücksichtigt wurden. Mit schuld an der geringen Beachtung sind wohl die vielen Errata, zum Teil Folgen sprachlicher Schwierigkeiten, die das Buch dHs verunzieren. Während die Biographien der zwanziger Jahre in erster Linie entsprechend dem Geiste der damaligen Forschungsrichtung dem Künstler gerecht zu werden suchen, setzt Lilly Hohenstein in der Deutung der geistigen und psychischen Persönlichkeit ganz neue Akzente. Die Folgerungen aus ihren neuen mit viel psychologischer Feinheit entfalteten Darstellungen sind bis heute noch nicht hinlänglich ausgewertet. In den allgemeinen Literaturgeschichtswerken hält sich mit wenigen Ausnahmen noch immer ein ziemlich stereotypes Meyer-Bild, in dem in den letzten Jahrzehnten der Akzent ganz eindeutig auf der Versdichtung und in dieser vornehmlich auf der Lyrik steht. Hier sind es zuerst, und zwar schon unmittelbar nach Meyers Tod, die starken Wandlungen der dichterischen Ausdrucksformen, welche die Forscher gereizt haben und die das besondere Wesen seiner langsam aber sicher wachsenden Formkunst ins Licht stellen (z. B. Staiger, Henel, Thurnher). Zu ihnen ist als bedeutender Beitrag eines kongenialen Poeten Hugo von Hofmannsthals Aufsatz zu zählen, der bei an sich kritischer Grundhaltung in CFMs Gedichten neue lyrische Potenzen aufzeigte. Die Krönung dieser inneren Erschließung, die meist auch die Quellen und die Abhängigkeit von dichterischen Vorbildern festzustellen sucht, ist die Edition der Gedichte und ihrer Vorformen und die vielseitige Kommentierung durch Hans Zeller, dem, soweit sein Werk bis heute gediehen ist — es fehlen vor allem noch zwei Kommentarbände —, zahllose neue Funde und Beobachtungen gelungen sind.

Im Vergleich zur Lyrik ist das epische Werk, sowohl die Versdichtungen wie die Prosa, seit Jahren ins Hintertreffen geraten. In einer Zeit, in der sowohl dem deutschen Roman wie der Novelle von den namhaftesten Kritikern das Ende vorausgesagt wurde, konnte und kann Meyers Kunst höchstens epigonenhaft, gespreizt, pathetisch und artistisch-gekonnt erscheinen. Und dies obwohl die menschliche Existenz bei Meyer oft genug in ihrer Fraglichkeit und Zwielichtigkeit deutlich in Erscheinung tritt. Obwohl er damit ein Menschenbild und eine Daseinsdeutung vorausnimmt, wie sie erst seit dem Expressionismus möglich wurde, hat man ihm seine sichere, um Klarheit und Prägnanz bemühte Sprache eher zu seinem Nachteil ausgelegt. Kein Zufall, daß es CLAUDE DAVID, ein Germanist romanischer Zunge, ist, der in jüngster Zeit auch wieder CFMs Prosa-Dichtung gerecht zu werden sucht. Seine verhältnismäßig knappen Hinweise müssen ernst genommen werden. Die Strukturen der Prosa-Werke, auch dort, wo die Entstehungsgeschichte wenig hergibt, sollten auf breiterer Grundlage neu untersucht werden. Meyers Epik mit ihrer ausgesprochen dramatischen und symbolistischen Nuancierung, die Psychologie der dichterischen Bilderwelt, die oft maximenhafte Prägnanz, die Problematik der Projektion persönlichster Anliegen und Bedrängnisse in die historische Stoffwelt, die realistisch-objektive Geschichte als dichterisches Baumaterial und der fiktive historische Realismus als Möglichkeit dichterischer Aussage, die Zusammenhänge zwischen psychischer, psychopathologischer Erlebniswelt und den Motiven und Topoi der Historiographie und der poetischen Tradition seit Homer, das sind Gebiete, die in der CFM-Forschung noch wenig angegangen sind. Auch über die Sprache, Wortwahl, die besonderen Wortfelder, die Proportionalität der Wörter, über die Besonderheiten der Syntax erhalten wir lediglich im allgemeinen Auskunft; wie weit etwa bevorzugte Satzkonstruktionen wie die partizipiale vom Französischen beeinflußt ist, wurde zwar schon nachgewiesen, doch besteht über die Häufigkeit und besondere Anwendung dieser Satzform noch kein klares Bild. Ferner müßte im Zusammenhang mit der Verbalstruktur von Meyers Sprache das Zeitproblem und damit ein gewichtiges Grundmotiv seiner Dichtung in aller Gründlichkeit untersucht werden. Für die Versdichtung fehlt eine zusammenhängende Darstellung von CFMs metrischer und rhythmischer Kunst, wenn hier auch von EMIL STAIGER bedeutende Anregung geboten wird.

Neben den biographisch weit ausholenden Werken haben eine

Reihe von Monographien über Teilaspekte des Phänomens CFM die Forschung angeregt, ja sie in ihrer Richtung entscheidend bestimmt. Wir nennen auch in diesem Zusammenhange HUGO VON HOFMANNSTHALS Aufsatz.

STAIGERS Aufsätze haben das rhythmisch-musikalische Element im Werden der Dichtung Meyers erschlossen und die anthropologische Grundthematik ins Licht gestellt. Einen bedeutenden Akzent hat vor allem das Buch LOUIS WIESMANNS gesetzt (»CFM als Dichter des Todes und der Maske«). Er hat mit seinen zahlreichen Verbindungslinien zur Barockdichtung Meyers Verflochtenheit mit der großen europäischen Tradition über die deutsche Klassik hinaus aufgezeigt und ihm damit einen neuen Rang zugewiesen.

Neben CLAUDE DAVIDS neuer Wertung von CFMs Prosa trat 1967 ein weiteres Werk eines Germanisten französischer Zunge: GEORGES BRUNETS Monographie über CFMs Novellistik, eine reich dokumentierte, solide, literaturwissenschaftlich äußerst ergiebige Arbeit. Vor allem zeigt er die große Widersprüchlichkeit der bisherigen CFM-Forschung auf (S. 3—15). Auch ist hier (S. 537—557) die Bibliographie sehr sorgfältig zusammengestellt.

Auf Probleme der Wirkungsgeschichte ist oben hingewiesen worden. Meyer als direktes literarisches Vorbild und die Fortwirkung seiner historiographischen Novellistik auf die Trivial- und Heimatliteratur führte sicher zu interessanten Ergebnissen. Auch müßte die religiöse und die ethische Welt, die bei Meyer entschieden breiter angelegt ist, als die konfessionell gefärbten Untersuchungen es bis jetzt erkennen lassen, auf Grund neuer religions-psychologischer Forschungen und genauer Textinterpretationen überprüft werden.

Gewiß, im Zeitalter des übersteigerten Interesses für die sogenannte engagierte Literatur sind dichterische Phänomene wie CFM naturgemäß in den Hintergrund gerückt worden. Allein es ist zu hoffen, daß eine tiefere Besinnung über das Wesen alles Engagements und dessen anthropologische Untergründe die Wege zu CFM wieder freilegt. Und da das echte Kunstwerk, je größer und hintergründiger es ist, mit dem Raster der jeweiligen zeitgebundenen literaturwissenschaftlichen Methoden, die ihrerseits so sehr der Mode unterworfen sind, nie ganz erfaßt werden kann, bleibt Raum genug zu neuen Erkenntnismöglichkeiten. CFM hat seine ganze reichhaltige, zwiespältige, sensible Persönlichkeit allein in seinem Werk ausgegeben. Und er hat wie wenige an der Zeit gelitten, die in mancher Hinsicht schon der unsrigen gleich war. Ein Zerfall des Interesses an einem so kostbaren dichterischen Gut würde eine geistige Verarmung, ja einen Verrat vor allem am schweizerischen Geisteserbe bedeuten.

Literatur (s. S. 9/10, sowie S. 40/41 u. 80/81):

Eine auch nur einigermaßen das Ganze ins Auge fassende Bibliographie fehlt, wäre aber um so dringender, als das Schrifttum über CFM entsprechend seiner weltweiten, aber sporadischen Verbreitung kaum faßbar ist, auch nicht an seinem Ursprungsort Zürich. Die vielen Zeitschriftenartikel, die nirgends systematisch gesammelt wurden, zu erfassen, ist ein beinahe unmögliches Unterfangen und konnte auch für diese Schrift nicht in erschöpfendem Maße geleistet werden. An dieser Stelle sei nur noch in chronologischer Abfolge eine Auswahl aus den Monographien und literaturwissenschaftlichen Darstellungen zusammengestellt, soweit sie nicht schon bei der Besprechung der einzelnen Werke angeführt wurden.

ANTON REITLER: CFM. Eine literarische Skizze. 1885; dazu: Jb. d. Literar. Vereinigung Winterthur 1925.

ALBERT GESSLER: CFM. 1906. (Allg. dt. Biographie. Bd 52.)

JULIUS RODENBERG: Erinnerungsblätter. CFM. Ein Fragment aus dem Nachlaß seiner Schwester Betsy, in: Das literar. Echo 15, 1912, H. 1 v. 1. Okt.

EDUARD KORRODI: Rede auf CFM zum 100. Geb. 1925.

K. E. HOFFMANN: Conrad Nüscheler von Neueneeg und seine Beziehungen zu CFM, in: Die Schweiz 23, 1919, H. 4.

EMIL SULGER-GEBING: CFMs Werke in ihren Beziehungen zur bildenden Kunst, in: Euphorion XXIII, 1921.

KARL F. LUSSER: Die deutschen und romanischen Bildungseinflüsse bei CFM im Zeitraum 1825—1857. Diss. Fribourg 1922.

WALTHER LINDEN: CFM. Entwicklung u. Gestalt. 1922.

HEDWIG V. LERBER: Der Einfluß der französischen Sprache und Literatur auf CFM und seine Dichtung. 1924.

HANS CORRODI: Das Bild CFMs im Spiegel der Nachwelt, in: ZfdB 1, 1925.

RUDOLF UNGER: CFM, in: Bausteine, Festschrift f. Max Koch. 1926.

DERS.: CFM als Dichter historischer Tragik, in: Ernte. Festschrift f. Franz Muncker. 1926.

ERICH EVERTH: CFMs epischer Sprachstil, in: Ztschr. f. Ästhetik u. allg. Kunstwissenschaft Bd 20, 1926.

GUSTAV STEINER: CFM. Das Bild des Dichters. 1929.

E. KREBS: Das Unbewußte in den Dichtungen CFMs, in: Die psychoanalytische Bewegung. 1930.

A. STEUERWALD: Das Todesproblem in der Dichtung CFMs. Diss. Frankfurt 1933.

W. Morel: Antikes bei CFM, in: Das humanistische Gymnasium 44, 1933.

L. F. Dahme: Women in the life and art of CFM. New York 1936.

H. Siegel: Das große stille Leuchten. Betrachtungen über CFM u. sein Lebenswerk. 1935.

Ders.: Lieb und Lust und Leben. Die Welt des Kindes in der Dichtung CFMs. 1936.

Albert Steffen: CFMs lebendige Gestalt. 1937.

M. Kämpf: Staat und Politik im Leben u. Werk CFMs. 1938.

G. R. Bang: Maske und Gesicht in den Werken CFMs. Baltimore 1940.

E. Merian-Genast: CFM u. das französische Formgefühl, in: Trivium I, 1943.

K. Schmid, Ch. Clerc, G. Zoppi: Gemeinschaftliche Vorlesung: CFM, gehalten Ende Nov. 1948 in der Gedenkstunde der ETH zu seinem 50. Todestag. (Kultur- u. staatswissenschaftl. Schriften. Bd 68.) 1949.

M. Pensa: CFM — saggio psichologico estetici. Bari 1950.

Ernst Feise: Von Leben und Tod bei CFM u. G. Keller, in: Monatshefte (Madison) 47, 1953.

W. Oberle: Ironie im Werk CFMs, in: GRM, 1955, H. 3.

F. J. Beharriel: CFM and the origins of Psychoanalysis, in: Monatshefte (Madison) 47, 1955, H. 3.

Alfred Zäch: Ironie im Werke CFMs, in: Jahresbericht der Gottfried Keller-Ges. 1955.

Louis Wiesmann: CFM. Der Dichter des Todes u. der Maske. 1958.

Karl Schmid: Die Gestalt des Schwachen bei CFM. 1961.

Ders.: CFM u. die Größe, in: Unbehagen im Kleinstaat. 1963.

Claude David: Zwischen Romantik u. Symbolismus, 1820—1885. 1966, S. 118—121, 188—194.

George Brunet: CFM et la nouvelle. Paris 1967.

Walther Rehm: Der Dichter u. die neue Einsamkeit, in: Aufsätze z. Literatur um 1900, neu hg. v. R. Habel. 1969.

Gunter H. Hertling: Träume in den Erzählungen CFMs, in: Etudes Germaniques 25, 1970, H. 2.

PERSONENREGISTER

119

121

GEOGRAPHISCHES REGISTER

SAMMLUNG METZLER

J. B. METZLER STUTTGART